AI设计+
PS电商美工

文案绘图+抠图修图+场景合成+视频制作

AIGC文画学院◎编著

化学工业出版社

·北京·

内 容 简 介

本书介绍了AI设计师和PS电商美工师如何强强联合，用AI制作和加工商品文案、进行AI绘图；在PS中进行抠图、修图处理；以及利用AI和PS合成商品主图和背景、制作平面与3D模特；最后学会用视频软件制作视频，并把AI绘画与视频剪辑结合起来，制作完整的电商产品广告视频。

随书赠送：教学视频+素材效果+PPT教学课件+电子教案+5000多组AI绘画关键词。书中具体内容从以下两条线展开介绍。

一是技能线：讲解了ChatGPT、文心一格、Midjourney、Adobe Firefly、Photoshop AI版、KreadoAI、FlexClip等实用的AI创作工具在电商方面的充分应用。

二是案例线：介绍了电商文案、商品主图、详情页图、广告图片、店铺海报、模特展示图、宣传画、虚拟数字人主播视频、主图视频、广告视频、种草视频等作品的具体制作。

本书适合淘宝、京东、拼多多、抖音、快手、小红书等平台的网店商家、店铺美工人员、电商相关从业者阅读，还可作为电商相关学校的教材使用。

图书在版编目（CIP）数据

AI设计+PS电商美工：文案绘图+抠图修图+场景合成+视频制作 / AIGC文画学院编著. —北京：化学工业出版社，2024.3

ISBN 978-7-122-44533-9

Ⅰ.①A… Ⅱ.①A… Ⅲ.①图像处理软件 Ⅳ.①TP391.413

中国国家版本馆CIP数据核字（2023）第230668号

责任编辑：吴思璇 李 辰 孙 炜　　　　　封面设计：异一设计
责任校对：王 静　　　　　　　　　　　　装帧设计：盟诺文化

出版发行：化学工业出版社（北京市东城区青年湖南街13号　邮政编码100011）
印　　装：北京宝隆世纪印刷有限公司
710mm×1000mm　1/16　印张13　字数312千字　2024年2月北京第1版第1次印刷

购书咨询：010-64518888　　　　　　　　售后服务：010-64518899
网　　址：http://www.cip.com.cn
凡购买本书，如有缺损质量问题，本社销售中心负责调换。

定　　价：88.00元

前言

随着科技的不断发展，我们迎来了一个全新的电商内容创作时代，让我们能够以前所未有的方式展现创意和想象力。在这本书中，我们将从 AI 绘画和 PS 电商美工的结合入手，探索人工智能技术如何革新电商美工设计领域。

首先，AI 绘画作为人工智能技术的杰作之一，引领了绘画艺术的革新，它不仅能够模仿艺术大师的技法和风格，更能通过算法和数据分析创造出令人惊叹的艺术作品。无论是绚丽的色彩、精细的线条，还是栩栩如生的细节，AI 绘画以其独特的创作方式在艺术界掀起了一股风潮。

其次，PS 电商美工是电子商务行业中不可或缺的重要环节，它将创意与商业相结合，通过精心设计的文字、图像和视频等内容，不仅为产品带来了更多的流量和销量，同时也为电商平台带来了更高的转化率和更好的用户体验。

在这个以视觉为主导的时代，AI 绘画和 PS 电商美工的结合，为我们带来了前所未有的创作可能性，它们共同呈现出一幅精彩纷呈的艺术画卷，彰显了人类创造力与科技力量的完美融合。

本书不仅介绍了 ChatGPT、文心一格、Midjourney、Adobe Firefly、Photoshop AI 版、KreadoAI、FlexClip 等热门 AI 内容创作工具的用法，还介绍了网店内页文案、电商营销文案、商品主图、详情页图、广告图片、店铺海报、模特展示图、宣传画、虚拟数字人主播视频、主图视频、广告视频、种草视频等大量实操案例，帮助读者了解 AI 绘画的魅力，并掌握其在电商美工领域的应用方法。

同时，本书汇集了众多行业专家的经验和智慧，旨在为广大读者提供一本全面、实用的电商设计指南。无论是网店商家、店铺美工人员、电商相关从业者，还是对 AI 绘画和美学艺术感兴趣的读者，本书都将给您带来新的学习思路。

在这本书中，让我们一同探索 AI 绘画和 PS 电商美工的魅力，感受创意的火花和美学的熏陶。无论是对艺术创作的追求，还是为了实现商业设计的目标，本书都将为大家带来更多的惊喜和启发。

本书的特别提示如下。

（1）版本更新：本书在编写时，是基于当前各种 AI 工具和软件界面截取的实际操作图片，但本书从编辑到出版需要一段时间，这些工具的功能和界面可能会有变动，请在阅读时，根据书中的思路举一反三进行学习。其中，ChatGPT 为 3.5 版，Midjourney 为 5.1 版，Adobe Firefly 和 Photoshop 均为 Beta 版。

（2）关键词的使用：在 Midjourney、Adobe Firefly 和 Photoshop 中，尽量使用英

文关键词，对于英文单词的格式没有太多要求，如首字母大小写不用统一、单词顺序不用太讲究等。但需要注意的是，每个关键词中间最好添加空格或逗号，同时所有的标点符号使用英文字体。最后再提醒一点，即使是相同的关键词，AI 工具每次生成的文案、图片或视频内容也会有差别。

本书由 AIGC 文画学院编著，参与编写的人员还有苏高、胡杨等人，在此表示感谢。由于作者知识水平有限，书中难免有疏漏之处，恳请广大读者批评、指正，沟通和交流请联系微信：2633228153。

编著者

2023 年 10 月

明星同款 长款花朵连衣裙
轻盈飘逸 演绎优雅女神范

第 1 章
文案：使用 ChatGPT 生成电商文案

优秀的电商文案不仅能够吸引消费者的注意力，更可以提升商品或服务的销售额。那么，怎么写出好的电商文案呢？如今，我们可以使用人工智能来帮忙生成文案，而 ChatGPT 则是文案类人工智能工具中的佼佼者。本章主要介绍使用 ChatGPT 生成电商文案的相关技巧。

1.1 使用ChatGPT生成网店内页文案

网店内页文案是指在电商平台或者自建网店中，用于描述店铺或商品信息的文字部分，它通常包括店铺名称、商品标题、主图文案以及商品详情页中的各种文案，这些文案的主要目的在于吸引消费者关注店铺或购买商品。

ChatGPT 是一种强大的人工智能（Artificial Intelligence，AI）工具，它使用深度学习技术在大量语言语料库中进行训练，从而实现理解和生成自然语言文本的能力。ChatGPT 可用于生成各类网店内页文案，能够辅助企业和商家提高工作效率，减少时间和人力成本，并提升消费者对商品的购买欲望。

1.1.1 生成店铺名称

扫码看教学视频

店铺名称指的是网店的名称，一个好的店铺名称可以吸引消费者，并更快地提高品牌知名度。下面介绍使用 ChatGPT 生成店铺名称的操作方法。

步骤 01 将店铺取名的相关指令输入到 ChatGPT 的输入框中，让它帮我们取几个名称，如图 1-1 所示。

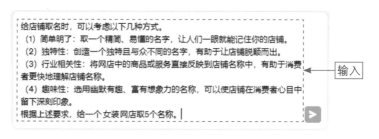

给店铺取名时，可以考虑以下几种方式。
（1）简单明了：取一个精简、易懂的名字，让人们一眼就能记住你的店铺。
（2）独特性：创造一个独特且与众不同的名字，有助于让店铺脱颖而出。
（3）行业相关性：将网店中的商品或服务直接反映到店铺名称中，有助于消费者更快地理解店铺名称。
（4）趣味性：选用幽默有趣、富有想象力的名称，可以使店铺在消费者心目中留下深刻印象。
根据上述要求，给一个女装网店取5个名称。

输入

图 1-1 输入店铺名称的生成指令

★ 专家提醒 ★

在给网店取名时，需要注意以下几点：首先，名称要简洁、易记，避免过长或复杂的拼写；其次，要与所经营的商品或服务相关联，能够准确传达网店的特点和定位；此外，名称要具有独特性和创意性，能够吸引目标客户群体的注意；最后，确保名称在法律层面没有侵权问题，避免使用已注册的商标或受保护的名词。

一个好的网店名称能够起到多重作用：首先，它能够吸引潜在客户的兴趣，让他们对网店产生好奇心和探索的欲望；其次，一个有吸引力的名称可以提升品牌形象和认知度，帮助网店在竞争激烈的市场中脱颖而出；此外，一个恰当的名称能够让顾客对网店的产品或服务有所预期，建立起一种信任和期待的情感连接。总之，一个好的网店名称能够为网店的宣传推广和品牌建设提供有力支持。

步骤02 单击"发送"按钮▶或按【Enter】键确认，ChatGPT即可生成符合要求的店铺名称，如图1-2所示，我们只需在其中选择自己喜欢的店名即可。需要注意的是，即使是相同的指令（即关键词），ChatGPT每次生成的文案内容也会有差别。

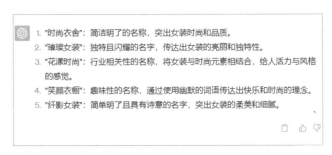

图1-2 ChatGPT生成的店铺名称

1.1.2 生成商品标题

扫码看教学视频

商品标题是指在淘宝、京东、拼多多、抖音等电商平台中用于简要描述和展示商品名称的部分，它是吸引消费者点击进入商品详情页并了解商品的第一步。

一个好的商品标题可以让人们更快、更容易地找到你的商品，并且提高商品的点击率和转化率。下面介绍使用ChatGPT生成商品标题的操作方法。

步骤01 将商品标题的相关指令输入到ChatGPT的输入框中，让它带我们写商品标题，如图1-3所示。

图1-3 输入商品标题的生成指令

步骤02 单击"发送"按钮▶或按【Enter】键确认，ChatGPT即可生成符合要求的多个商品标题，如图1-4所示。选择好的商品标题至关重要，它能够准确传达商品信息，并让消费者对商品产生浓厚的兴趣。

根据上述要求，在淘宝网上为一个"电冰箱"编写5个商品标题可以是：

1. 【限时特惠】超大容量电冰箱，快速制冷保鲜，家用必备！
2. 【热销推荐】智能控温电冰箱，能效一级，节能省电！
3. 【新品上市】多功能电冰箱，冷藏冷冻一体，满足你的各种需求！
4. 【限量抢购】静音电冰箱，无噪音运行，享受安静生活！
5. 【好评如潮】高品质电冰箱，保持食物新鲜，为你的家庭带来便利！

这些标题突出了电冰箱的重要特点和卖点，同时优化了关键词，简明扼要地说明了商品特色，并添加了吸引用户的副标题，以激发购物欲望。请根据实际情况适当调整和优化标题内容。

图 1-4　ChatGPT 生成的商品标题

1.1.3　生成商品主图文案

扫码看教学视频

商品主图文案是指电商平台上商品主图中的一段短文本描述，其目的是在最短的时间内突出商品的特点和卖点，以激发消费者的购买欲望。

下面介绍使用 ChatGPT 生成商品主图文案的操作方法。

步骤 01 将商品主图文案的相关指令输入到 ChatGPT 的输入框中，让它帮我们写商品主图文案，如图 1-5 所示。

下面是编写商品主图文案时应考虑的几个关键因素。
(1) 突出重点：突显最重要的商品特点和卖点，让消费者更容易注意到。
(2) 简明扼要：使用短小精悍的语言描述商品卖点，以便快速传达重要信息。
(3) 独具匠心：通过运用独特和创新的表达方式来提高商品的形象和关注度。
(4) 增加信任感：利用各种优惠政策来增强消费者对店铺和商品的信任感。
(5) 吸引感性需求：运用有趣或引人入胜的文字来吸引消费者的感性需求。
商品为"笔记本电脑"，根据上述要求写5条商品主图文案。

图 1-5　输入商品主图文案的生成指令

★ 专家提醒 ★

在撰写商品主图文案时，需注意以下几点：首先，文案要简洁明了，能够在短时间内吸引消费者的注意力；其次，突出商品的卖点和特色，通过文字描述凸显商品的价值和优势；此外，文案要具备情感吸引力，能够引发消费者的情感共鸣；最后，确保文案与主图相呼应，形成整体的视觉冲击力。

商品主图文案的基本作用是增强商品的吸引力和提高消费者的购买欲望，它能够为消费者提供更多的商品信息，帮助消费者更好地了解商品的特点和功能。同时，

图 1-10　ChatGPT 生成的商品信息文案

1.1.6　生成卖点展示文案

卖点展示文案是指在商品介绍、广告宣传等场景中，用文字形式突出、展示商品的特点和卖点的文本描述，它的目的是吸引消费者的注意，传达商品的独特之处，并促使消费者产生购买欲望。

下面介绍使用 ChatGPT 生成卖点展示文案的操作方法。

步骤01 将卖点展示文案的相关指令输入到 ChatGPT 的输入框中，让它帮我们写卖点展示文案，如图 1-11 所示。

图 1-11　输入卖点展示文案的生成指令

步骤02 单击"发送"按钮█或按【Enter】键确认，ChatGPT 即可生成符合要求的卖点展示文案，如图 1-12 所示。建议大家在编写卖点展示文案时，应突出商品的独特之处，简明扼要地描述实际效益，并与目标群体契合，引发他们的情感共鸣，同时配合图文来呈现信息，保持文案的真实可信度。

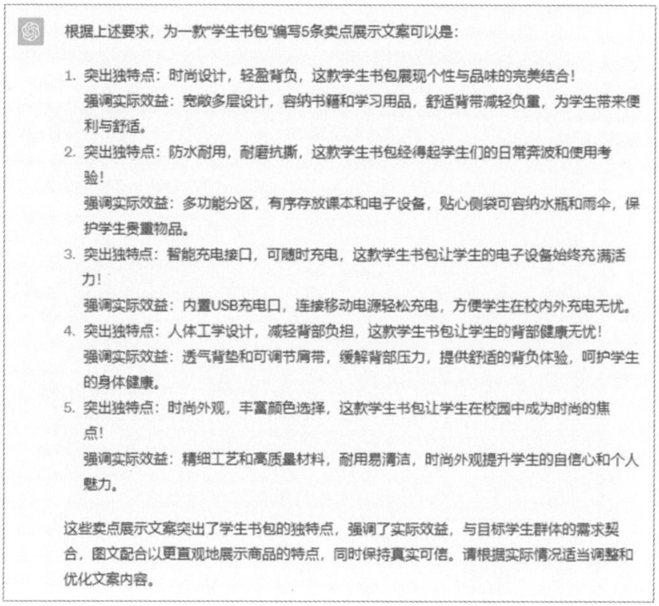

根据上述要求，为一款"学生书包"编写5条卖点展示文案可以是：

1. 突出独特点：时尚设计，轻盈背负，这款学生书包展现个性与品味的完美结合！
   强调实际效益：宽敞多层设计，容纳书籍和学习用品，舒适背带减轻负重，为学生带来便利与舒适。
2. 突出独特点：防水耐用，耐磨抗撕，这款学生书包经得起学生们的日常奔波和使用考验！
   强调实际效益：多功能分区，有序存放课本和电子设备，贴心侧袋可容纳水瓶和雨伞，保护学生贵重物品。
3. 突出独特点：智能充电接口，可随时充电，这款学生书包让学生的电子设备始终充满活力！
   强调实际效益：内置USB充电口，连接移动电源轻松充电，方便学生在校内外充电无忧。
4. 突出独特点：人体工学设计，减轻背部负担，这款学生书包让学生的背部健康无忧！
   强调实际效益：透气背垫和可调节肩带，缓解背部压力，提供舒适的背负体验，呵护学生的身体健康。
5. 突出独特点：时尚外观，丰富颜色选择，这款学生书包让学生在校园中成为时尚的焦点！
   强调实际效益：精细工艺和高质量材料，耐用易清洁，时尚外观提升学生的自信心和个人魅力。

这些卖点展示文案突出了学生书包的独特点，强调了实际效益，与目标学生群体的需求契合，图文配合以更直观地展示商品的特点，同时保持真实可信。请根据实际情况适当调整和优化文案内容。

图 1-12　ChatGPT 生成的卖点展示文案

1.2 使用ChatGPT生成电商营销文案

在竞争十分激烈的电商市场中，引人注目的电商营销文案是促进商品销售的关键，我们可以通过巧妙运用文字的力量，将商品与目标消费者紧密联系在一起，创造出独特的购买体验。

使用 ChatGPT 不仅可以生成网店内页文案，各种电商营销文案也不在话下。本节将介绍如何用 ChatGPT 打造令人难以抗拒的电商营销文案，以简练明了的语言传递商品的价值与优势。

1.2.1　生成创意广告文案

创意广告文案是指通过独特、富有创意和吸引力的语言表达方式，以及巧妙的文字组织和排列，来吸引目标消费者，引发其产生情感共鸣，激发其购买欲望的文字内容。图 1-13 所示为用 ChatGPT 生成创意广告文案的具体指令和相关示例。

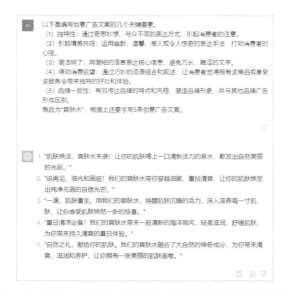

图 1-13　用 ChatGPT 生成创意广告文案的具体指令和相关示例

1.2.2　生成品牌宣传文案

品牌宣传文案是为了向目标消费者传达品牌的核心价值、特点和优势而创作的一段文字内容，它旨在通过语言的艺术表达和吸引人的叙述方式，吸引潜在消费者，建立品牌形象并促进商品销售。图 1-14 所示为用 ChatGPT 生成品牌宣传文案的具体指令和相关示例。

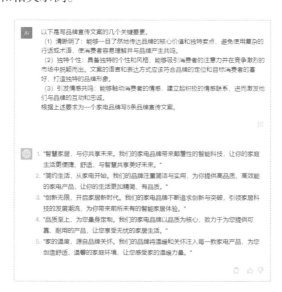

图 1-14　用 ChatGPT 生成品牌宣传文案的具体指令和相关示例

成功的品牌宣传文案应该是清晰明了、具有独特个性且能够引发情感共鸣的，这样的文案可以有效地传达品牌价值，吸引并留住目标消费者，进而推动品牌的发展和增加市场份额。

1.2.3 生成活动促销文案

活动促销文案是为了宣传和推广特定商品或服务的活动而创作的一段文字内容，它的目的是吸引潜在消费者，促使他们参与活动并购买商品或服务。图 1-15 所示为用 ChatGPT 生成活动促销文案的具体指令和相关示例。

★ 专 家 提 醒 ★

我们可以利用特定节日或季节性事件做周期性活动，结合活动促销文案，创造紧迫感和购买动力。

JU 以下是写活动促销文案的几个要素。
（1）强调独特性：突出活动的独特性和特点，以吸引消费者的关注。通过凸显特殊优惠、限时促销、独家折扣或独特体验等活动亮点，激发潜在消费者的兴趣和购买欲望。
（2）创造紧迫感：在语言上创造一种紧迫感，让消费者感到活动的重要性和限时性。使用诸如“马上行动”“限时抢购”“仅剩最后几天”等词汇，鼓励潜在消费者尽快参与活动以避免错过机会。
（3）简明扼要：尽量用简短的语句表达核心信息，使用简洁有力的词汇和短语，突出活动的主要优势和利益，让消费者一目了然地了解活动内容和价值。
（4）触发情感共鸣：通过使用情感化的语言、引人入胜的故事或引发好奇心的问题，激发潜在消费者的情感反应，提高活动的吸引力和影响力。
（5）呼吁行动：使用醒目的行动动词，如“立即购买”“点击链接”“参加活动”等，引导潜在消费者采取下一步的行动，并提供明确的指引和链接以便他们参与活动或购买商品。
根据上述要求，为一个书店开业活动写5条活动促销文案。

1. "独一无二的开业庆典！限时特惠，所有图书5折起！马上行动，抓住最后的购书机会！"
2. "开业狂欢，百万畅销书火爆热卖！前50名顾客更有神秘礼品相送！快来参加我们的开业活动，享受独家优惠！"
3. "图书迷的胜地即将开启！新店开业，全场图书满200元立减50元！立即点击链接，预订你心仪已久的好书！"
4. "盛夏狂欢！新店开业大酬宾，购书满300元赠送精美书签一枚！数量有限，先到先得！别错过这个书迷的福利！"
5. "欢迎光临新店开业庆典！开业期间，所有购书顾客可获得20元代金券！快来抢购你喜爱的图书，享受难得的优惠！"

图 1-15　用 ChatGPT 生成活动促销文案的具体指令和相关示例

1.2.4 生成情感沟通软文

情感沟通软文是指以柔性的写作风格和引发情感共鸣的手法，撰写出的情感化的内容，能够与潜在消费者建立情感联系和信任，进而促进商品销售和建立品牌形象。图 1-16 所示为用 ChatGPT 生成情感沟通软文的具体指令和相关示例。

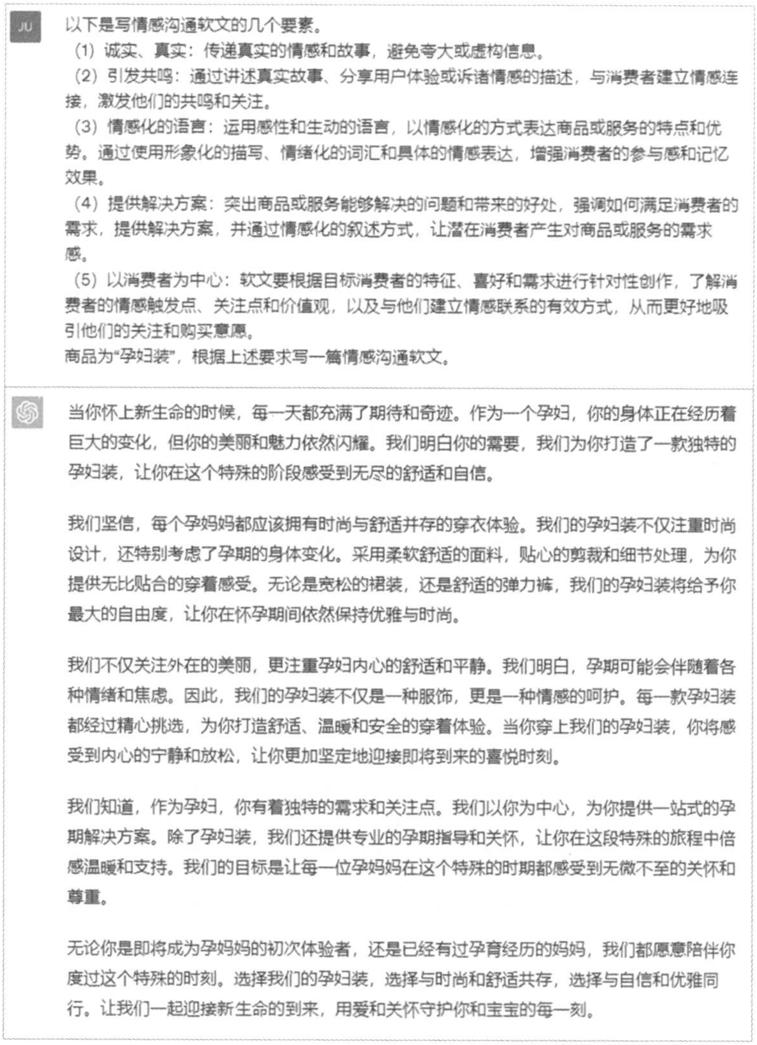
JU

以下是写情感沟通软文的几个要素。

（1）诚实、真实：传递真实的情感和故事，避免夸大或虚构信息。

（2）引发共鸣：通过讲述真实故事、分享用户体验或诉诸情感的描述，与消费者建立情感连接，激发他们的共鸣和关注。

（3）情感化的语言：运用感性和生动的语言，以情感化的方式表达商品或服务的特点和优势。通过使用形象化的描写、情绪化的词汇和具体的情感表达，增强消费者的参与感和记忆效果。

（4）提供解决方案：突出商品或服务能够解决的问题和带来的好处，强调如何满足消费者的需求，提供解决方案，并通过情感化的叙述方式，让潜在消费者产生对商品或服务的需求感。

（5）以消费者为中心：软文要根据目标消费者的特征、喜好和需求进行针对性创作，了解消费者的情感触发点、关注点和价值观，以及与他们建立情感联系的有效方式，从而更好地吸引他们的关注和购买意愿。

商品为“孕妇装”，根据上述要求写一篇情感沟通软文。

当你怀上新生命的时候，每一天都充满了期待和奇迹。作为一个孕妇，你的身体正在经历着巨大的变化，但你的美丽和魅力依然闪耀。我们明白你的需要，我们为你打造了一款独特的孕妇装，让你在这个特殊的阶段感受到无尽的舒适和自信。

我们坚信，每个孕妈妈都应该拥有时尚与舒适并存的穿衣体验。我们的孕妇装不仅注重时尚设计，还特别考虑了孕期的身体变化。采用柔软舒适的面料，贴心的剪裁和细节处理，为你提供无比贴合的穿着感受。无论是宽松的裙装，还是舒适的弹力裤，我们的孕妇装将给予你最大的自由度，让你在怀孕期间依然保持优雅与时尚。

我们不仅关注外在的美丽，更注重孕妇内心的舒适和平静。我们明白，孕期可能会伴随着各种情绪和焦虑。因此，我们的孕妇装不仅是一种服饰，更是一种情感的呵护。每一款孕妇装都经过精心挑选，为你打造舒适、温暖和安全的穿着体验。当你穿上我们的孕妇装，你将感受到内心的宁静和放松，让你更加坚定地迎接即将到来的喜悦时刻。

我们知道，作为孕妇，你有着独特的需求和关注点。我们以你为中心，为你提供一站式的孕期解决方案。除了孕妇装，我们还提供专业的孕期指导和关怀，让你在这段特殊的旅程中倍感温暖和支持。我们的目标是让每一位孕妈妈在这个特殊的时期都感受到无微不至的关怀和尊重。

无论你是即将成为孕妈妈的初次体验者，还是已经有过孕育经历的妈妈，我们都愿意陪伴你度过这个特殊的时刻。选择我们的孕妇装，选择与时尚和舒适共存，选择与自信和优雅同行。让我们一起迎接新生命的到来，用爱和关怀守护你和宝宝的每一刻。

图 1-16　用 ChatGPT 生成情感沟通软文的具体指令和相关示例

1.2.5　生成电商短视频文案

电商短视频文案是指在电商平台上发布的针对商品推广或品牌宣传的短视频中的文字描述内容，它的目的是通过简洁明了的语言表达，引导观众完成购买行为。图 1-17 所示为用 ChatGPT 生成电商短视频文案的具体指令和相关示例。

以下是写电商短视频文案的几个要素。

（1）简洁明了：直接表达核心信息，避免冗长的叙述和复杂的词汇，确保观众能够在短时间内快速理解商品或服务的特点和优势。

（2）引起兴趣：以引人入胜的方式开篇，激发观众的兴趣和好奇心。使用引人注意的标题或问题，或者以一个短小精悍的故事开头，吸引观众的眼球并促使他们继续观看视频。

（3）强调视觉和口语配合：文案的内容应与视频画面相呼应，通过口语的表达方式增强视频的效果，使观众在观看视频时获得一致的信息和情感体验。

（4）突出独特卖点：文案要突出商品或服务的独特卖点，强调其与竞争对手的区别。通过简洁有力的语言，直接表达商品的特色和优势，激发观众的购买兴趣。

（5）呼吁行动：在文案中加入明确的呼吁行动，鼓励观众采取下一步的行动。使用醒目的动词和短语，如"立即购买""点击链接""抢先预订"等，引导观众进行购买或了解更多信息。

根据上述要求，为一个火锅店美食团购短视频写标题文案和内容文案。

标题文案：火锅狂欢，品味滋味，火爆团购中！

内容文案：燃烧你的味蕾，火锅的盛宴即将开启！我们精选了城市中最新鲜的食材，为您打造一场火辣又美味的火锅体验。

视频中，滚烫的锅底中央，翻滚着丰富的食材。嫩滑的牛肉，鲜嫩多汁的海鲜，新鲜蔬菜的色彩缤纷，每一口都是味觉的享受。激情四溢的热辣调料，瞬间点燃你的味蕾，令人欲罢不能。

我们的火锅店不仅以独特的风味吸引着顾客，还提供温馨舒适的用餐环境。与家人、朋友们围坐在一起，共享美食盛宴，畅聊欢笑，营造温暖的氛围。

别再等待了！这是一次难得的机会，尽情享受火锅的魅力。立即参与我们的火锅团购活动，以超值的价格品味顶级火锅，与美食同行，留下难忘的美味回忆。

点击链接，立即预订您的火锅盛宴，不容错过！火锅狂欢，即将开启，等待着您的加入。快来加入我们，一起点燃你的味蕾，尽享火锅的无限美味！

图 1-17　用 ChatGPT 生成电商短视频文案的具体指令和相关示例

1.2.6　生成直播带货文案

在互联网时代，直播带货已成为热门的电商营销趋势。直播带货不仅为商家带来了新的营销方式，也为消费者带来了更便捷、有趣的购物体验。

直播带货文案是指在直播带货过程中，为商品或服务编写的文字内容，旨在吸引观众的关注，激发他们的购买欲望，并促使他们在直播间下单。图 1-18 所示为用 ChatGPT 生成直播带货文案的具体指令和相关示例。

以下是写直播带货文案的几个要素。

（1）即时性和实时性：文案与直播内容实时配合，根据主播的话题和商品展示，即时调整文案，增加观众的参与感和紧迫感。

（2）强调互动和参与：鼓励观众积极参与互动，如提问、评论、抽奖等。通过提问、提供回答或呼应观众的评论，增加观众与主播的互动，促进购买意愿和信任感。

（3）清晰明了的商品介绍：文案要清晰地介绍商品的特点、功能和优势，凸显其解决问题或满足需求的价值。避免冗长的描述，通过简洁明了的语言，使观众快速了解商品的关键信息。

（4）创造购买冲动：使用诱人的词汇和表达方式，突出商品的独特卖点、限时优惠、赠品或独家福利，以及购买后带来的好处和体验，引导观众立即购买。

（5）个性化和情感化：通过真实的故事、用户体验分享、情感化的表达和幽默感，增加观众的好感和信任，提高购买意愿。

根据上述要求，商品为"运动鞋"，写一篇直播带货文案。

大家好！欢迎来到运动鞋世界的直播间！今天，我将为大家带来一场激动人心的直播带货，为你们揭示最新最炫的运动鞋款式！

这是一次难得的机会，我们为你们精选了市场上最热门、最时尚的运动鞋。无论你是热衷于户外跑步、健身训练，还是时尚潮人追求个性，我们都有适合你的完美选择！

这些运动鞋不仅具备出色的功能和舒适性，更凭借独特设计和优质材料，让你在运动中展现个人风采。透气、耐磨、减震，无论你的运动需求是什么，我们都有合适的鞋款，让你尽情释放激情和能量！

别担心尺码问题！我们有各种尺码可供选择，确保每个人都能找到最适合自己的运动鞋。无论是男性还是女性，无论你的脚型是怎样的，我们都能满足你的需求！

还有更好的消息！只要在本直播间购买，你将享受到独家折扣和限时优惠。这是一个不容错过的机会，赶紧点击购买链接，把这些超值的运动鞋带回家！

如果你对任何产品有疑问，或者想了解更多细节，别犹豫！立即在评论区提问，我会第一时间回答你的问题。你的参与对我们来说非常重要，只要在评论区留言，你就有机会赢得我们的精美赠品！

快来加入我们的直播带货活动，让我带你们领略运动鞋的魅力！不仅能让你们的脚步更加自由，更能彰显你们的个性和自信！点击下方购买链接，立即行动，抓住这个难得的购买机会！

运动鞋直播带货，点亮你的运动之路！赶快加入我们的直播间，一起开启购物新体验吧！

图 1-18　用 ChatGPT 生成直播带货文案的具体指令和相关示例

本章小结

本章主要向读者介绍了使用 ChatGPT 生成各种电商文案的相关技巧，如生成店铺名称、生成商品标题、生成商品主图文案、生成海报图文案、生成商品信息文案、生成卖点展示文案、生成创意广告文案、生成品牌宣传文案、生成活动促销文案、生成情感沟通软文、生成电商短视频文案、生成直播带货文案。希望读者通过对本章的学习，能够更好地掌握各种电商文案的生成方法。

课后习题

鉴于本章知识的重要性，为了帮助读者更好地掌握所学知识，本节将通过课后习题，帮助读者进行简单的知识回顾和补充。

1. 使用 ChatGPT 写 5 条关于戒指的商品主图文案，如图 1-19 所示。

以下是5条商品主图文案，针对戒指的特点和要素进行编写：

1. 珍爱承诺，永恒之戒！让这枚精致戒指见证你们的爱情故事，璀璨独特的设计，让你们的爱情更加耀眼夺目！立即拥有，永远的爱恋！
2. 简约而不失品味，这款戒指完美诠释了经典与时尚的完美结合。高品质材质打造，闪耀着迷人的光芒，成为你每天衣橱的点睛之选。
3. 独具匠心的设计，展现出你的个性与独特品味！这枚戒指不仅是时尚的象征，更是自信与魅力的象征。穿戴它，成为注目的焦点！
4. 优惠来袭！购买任何戒指即可享受免费定制服务，让每一枚戒指都与你的故事紧密相连。我们用心制作，只为让你找到完美的那一款。
5. 精致工艺，独一无二！这枚戒指将给你带来无尽的惊喜和喜悦。每一次佩戴，都能让你感受到无比的自信和美丽。现在就抓住机会，让它成为你的专属之选！

图 1-19　戒指的商品主图文案

2. 使用 ChatGPT 写一篇方便面短视频带货文案，效果如图 1-20 所示。

● 【方便面狂欢节，一口好面解放你的味蕾！】👅

这款方便面不一般！每一口都能给你带来绝对的口感享受和满满的美味。麻辣鲜香的调味料，搭配Q弹爽滑的面条，让你的味蕾尽情舞动！

无论你是工作狂、学霸还是宅在家里，这款方便面都能满足你的味蕾需求。只需几分钟，你就能轻松享受到美味的快餐体验，让你的生活更加便捷和美味！

这款方便面不仅方便，还注重营养均衡。它富含各种维生素和矿物质，为你提供充足的能量和营养，让你在忙碌的生活中保持活力和健康。

🎁还有好消息！现在购买我们的方便面，你将获得独家限时优惠和超值赠品！赶快点击下方链接，抢购你的美味之选！

这是一次绝对不能错过的美食狂欢！尽情享受美味，让方便面成为你生活中的美味伴侣！

注意：文案中的表情符号可根据实际需要进行调整。

图 1-20　方便面短视频带货文案

第 2 章
工具 1：使用文心一格进行电商图片绘画

　　文心一格是一个非常有潜力的 AI 绘画工具，可以帮助用户实现更高效、更有创意的绘画创作过程。本章主要介绍使用文心一格绘画的操作方法，帮助大家实现"一语成画"的目标，轻松做出各种电商广告作品。

2.1 文心一格的基本使用方法

文心一格支持自定义关键词、画面类型、图像比例、数量等参数设置，用户可以通过文心一格快速生成高质量的画作，而且生成的图像质量可以与人类创作的艺术品相媲美。需要注意的是，即使是完全相同的关键词，文心一格每次生成的画作也是有差异的。本节主要介绍用文心一格生成电商图片的基本操作方法。

2.1.1 注册文心一格账号

文心一格通过应用人工智能技术，为用户提供了一系列高效且具有创造力的 AI 创作工具和服务，让用户在创作电商广告时能够更自由、更高效地实现自己的创意和想法。

扫码看教学视频

用户想要使用文心一格进行创作，首先就需要登录百度账号，没有百度账号的需要先注册。下面介绍注册与登录文心一格的操作方法。

步骤01 进入文心一格的官网首页，单击"登录"按钮，如图 2-1 所示。

图 2-1 单击"登录"按钮

★ 专家提醒 ★

"电量"是文心一格平台为用户提供的数字化商品，用于兑换文心一格平台上的图片生成服务、指定公开画作下载服务以及其他增值服务等。

步骤02 执行操作后，进入百度的"用户名密码登录"页面。用户可以直接使用百度账号进行登录，也可以通过 QQ、微博或微信账号进行登录，没有相关账号的用户可以单击"立即注册"超链接，如图 2-2 所示。

中单击"更多"按钮，如图2-6所示。

步骤**02** 执行操作后，即可展开"画面类型"选项区，在其中选择"艺术创想"选项，如图2-7所示。

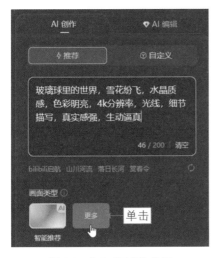

图2-6　单击"更多"按钮

图2-7　选择"艺术创想"选项

步骤**03** 单击"立即生成"按钮，即可生成一幅"艺术创想"风格的AI绘画作品，效果如图2-8所示。

图2-8　生成"艺术创想"风格的AI绘画作品

19

★ 专家提醒 ★

使用同样的 AI 绘画关键词，选择不同的画面类型，生成的图片风格也不一样。图 2-9 所示为"超现实主义"风格的图片效果，画面风格变得更加虚幻。

图 2-9　"超现实主义"风格的图片效果

2.1.4　设置图片比例和数量

扫码看教学视频

在文心一格中，除了可以选择多种图片风格，还可以设置图片的比例（竖图、方图和横图）和数量（最多 9 张），具体操作方法如下。

步骤 01 进入"AI 创作"页面，输入相应的关键词，设置"比例"为"方图"、"数量"为 2，如图 2-10 所示。

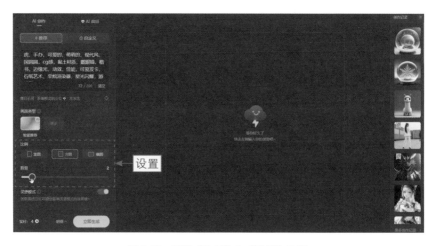

图 2-10　设置"比例"和"数量"选项

步骤02 单击"立即生成"按钮，生成两幅 AI 绘画作品，效果如图 2-11 所示。

图 2-11 生成两幅 AI 绘画作品

★ 专家提醒 ★

用户可以使用文心一格平台提供的智能生成功能，生成各种类型的商品图像和艺术作品。文心一格平台使用深度学习技术，能够自动学习用户的创意（即关键词）和风格，生成相应的画作。

2.2 掌握文心一格的高级绘画玩法

文心一格是由百度飞桨推出的一个 AI 艺术和创意辅助平台，利用飞桨的深度学习技术，帮助用户快速生成高质量的商品图像，提高电商美工的创作效率和创意水平，特别适合需要频繁进行商业创作的电商设计师和广告从业者等用户。本节主要介绍文心一格的高级绘画玩法，帮助大家生成更加精美的电商图片。

2.2.1 使用自定义功能生成图片

使用文心一格的"自定义"AI 绘画模式，用户可以设置更多的关键词，从而让生成的图片效果更加符合自己的需求，具体操作方法如下。

扫码看教学视频

步骤01 进入"AI 创作"页面，切换至"自定义"选项卡，输入相应的关键词，设置"选择 AI 画师"为"创艺"，如图 2-12 所示。

步骤02 在下方继续设置"尺寸"为 4∶3、"数量"为 1，如图 2-13 所示。

图 2-12　设置"选择 AI 画师"选项　　　　图 2-13　设置"尺寸"和"数量"选项

步骤03 单击"立即生成"按钮，即可生成自定义的 AI 绘画作品，效果如图 2-14 所示。

图 2-14　生成自定义的 AI 绘画作品

2.2.2　上传参考图生成类似的图片

使用文心一格的"上传参考图"功能，用户可以上传任意一张图片，通过文字描述想修改的地方，实现类似的图片效果，具体操作方法如下。

扫码看教学视频

22

步骤01 在"AI 创作"页面的"自定义"选项卡中，输入相应关键词，设置"选择 AI 画师"为"创艺"，单击"上传参考图"下方的■按钮，如图 2-15 所示。

步骤02 执行操作后，弹出"打开"对话框，选择相应的参考图，如图 2-16 所示。

图 2-15　单击相应按钮

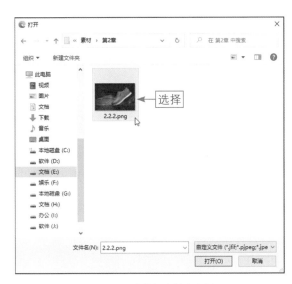

图 2-16　选择相应的参考图

步骤03 单击"打开"按钮上传参考图，并设置"影响比重"为 8，如图 2-17 所示，该数值越大，参考图的影响就越大。

步骤04 在下方继续设置"尺寸"为 3：2、"数量"为 1，单击"立即生成"按钮，如图 2-18 所示。

图 2-17　设置"影响比重"选项

图 2-18　单击"立即生成"按钮

步骤 05 执行操作后，即可根据参考图生成类似的图片，效果如图 2-19 所示。

图 2-19　根据参考图生成类似的图片效果

2.2.3　设置自定义画面风格

扫码看教学视频

在文心一格的"自定义"AI 绘画模式中，除了可以选择"AI 画师"，用户还可以输入自定义的画面风格关键词，从而生成各种类型的图片，具体操作方法如下。

步骤 01 在"AI 创作"页面的"自定义"选项卡中，输入相应的关键词，设置"选择 AI 画师"为"创艺"，如图 2-20 所示。

步骤 02 在下方继续设置"尺寸"为 3：2、"数量"为 1、"画面风格"为"矢量画"，如图 2-21 所示。

图 2-20　设置"选择 AI 画师"选项

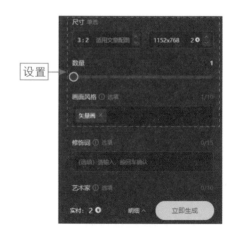

图 2-21　设置相应的选项

步骤03 单击"立即生成"按钮，即可生成相应风格的图片，效果如图 2-22 所示。

图 2-22 生成相应风格的图片

2.2.4 设置自定义修饰词

使用修饰词可以提升文心一格的出图质量，而且修饰词还可以叠加使用，具体操作方法如下。

扫码看教学视频

步骤01 在"AI 创作"页面的"自定义"选项卡中，输入相应的关键词，设置"选择 AI 画师"为"创艺"，如图 2-23 所示。

步骤02 在下方继续设置"尺寸"为 3∶2、"数量"为 1、"画面风格"为"矢量画"，如图 2-24 所示。

图 2-23 设置"选择 AI 画师"选项

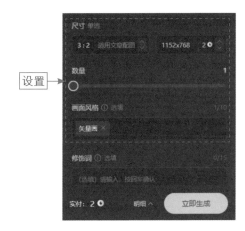

图 2-24 设置相应的选项

步骤 03 单击"修饰词"下方的输入框，在弹出的面板中单击"cg 渲染"标签，如图 2-25 所示，即可将该修饰词添加到输入框中。

步骤 04 使用同样的操作方法，添加"摄影风格"修饰词，如图 2-26 所示。

图 2-25　单击"cg 渲染"标签

图 2-26　添加"摄影风格"修饰词

★ 专 家 提 醒 ★

CG 是计算机图形（Computer Graphics）的缩写，指的是使用计算机来创建、处理和显示图形的技术。

步骤 05 单击"立即生成"按钮，即可生成品质更高且更具有摄影感的图片，效果如图 2-27 所示。

图 2-27　生成相应的图片

2.2.5 添加合适的艺术家效果

在文心一格的"自定义"AI绘画模式中，用户可以添加合适的艺术家效果关键词，来模拟特定的艺术家绘画风格，生成相应的图片效果，具体操作方法如下。

步骤 01 在"AI创作"页面的"自定义"选项卡中，输入相应的关键词，设置"选择AI画师"为"创艺"，如图2-28所示。

步骤 02 在下方继续设置"尺寸"为16：9、"数量"为1、"画面风格"为"工笔画"，如图2-29所示。

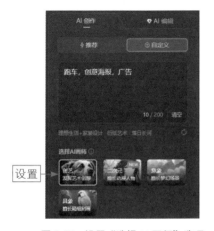

图2-28 设置"选择AI画师"选项

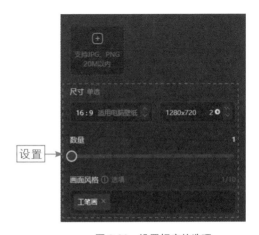

图2-29 设置相应的选项

步骤 03 单击"修饰词"下方的输入框，在弹出的面板中单击"高清"标签，如图2-30所示，即可将该修饰词添加到输入框中。

步骤 04 在"艺术家"下方的输入框中输入相应的艺术家名称，如图2-31所示。

图2-30 单击"高清"标签

图2-31 输入相应的艺术家名称

步骤 05 单击"立即生成"按钮，即可生成相应艺术家风格的图片，效果如图 2-32 所示。

图 2-32　生成相应艺术家风格的图片

2.2.6　设置不希望出现的内容

扫码看教学视频

在文心一格的"自定义"AI 绘画模式中，用户可以设置"不希望出现的内容"选项，从而在一定程度上减少该内容出现的概率，具体操作方法如下。

步骤 01 在"AI 创作"页面的"自定义"选项卡中，输入相应的关键词，设置"选择 AI 画师"为"创艺"，如图 2-33 所示。

步骤 02 在下方继续设置"尺寸"为 3：2、"数量"为 1、"画面风格"为"工笔画"，如图 2-34 所示。

图 2-33　设置"选择 AI 画师"选项

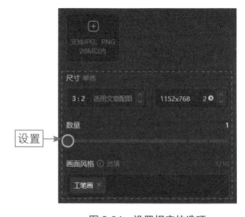

图 2-34　设置相应的选项

步骤 03 单击"修饰词"下方的输入框，在弹出的面板中单击"写实"标签，如图2-35所示，即可将该修饰词添加到输入框中。

步骤 04 在"不希望出现的内容"下方的输入框中输入"人物"，如图2-36所示，表示降低人物在画面中出现的概率。

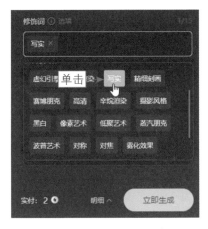

图2-35　单击"写实"标签

图2-36　输入"人物"

步骤 05 单击"立即生成"按钮，即可生成相应的图片，效果如图2-37所示。

图2-37　生成相应的图片

★ 专家提醒 ★

在文心一格中输入关键词时，关键词中间要用空格或逗号隔开。

本章小结

本章主要向读者介绍了文心一格的 AI 绘画技巧，具体内容包括使用推荐模式生成图片、选择合适的图片风格、设置图片比例和数量、使用自定义功能生成图片、上传参考图生成类似的图片、设置自定义画面风格、设置自定义修饰词、添加合适的艺术家效果、设置不希望出现的内容等。希望读者通过对本章的学习，能够更好地掌握使用文心一格绘制电商广告图片的操作方法。

课后习题

鉴于本章知识的重要性，为了帮助读者更好地掌握所学知识，本节将通过课后习题，帮助读者进行简单的知识回顾和补充。

1. 使用文心一格绘制一张饼干外包装的商品图片，效果如图 2-38 所示。
2. 使用文心一格绘制一张化妆品的商品主图，效果如图 2-39 所示。

图 2-38　饼干外包装的商品图片　　　　图 2-39　化妆品的商品主图

第 3 章
工具 2：使用 Midjourney 进行电商图片绘画

    Midjourney 是一个通过人工智能技术进行绘画创作的工具，用户可以在其中输入文字、图片等提示内容，让 AI 机器人自动创作出符合要求的电商图片。本章主要介绍 Midjourney 的基本操作方法，帮助大家掌握 AI 绘画的核心技巧。

3.1 Midjourney的AI电商图片绘画技巧

使用 Midjourney 生成电商图片非常简单，具体取决于用户使用的关键词。当然，如果用户要生成高质量的电商图片，则需要大量地训练 AI 模型和深入了解艺术设计的相关知识。本节将介绍一些 Midjourney 的 AI 电商图片绘画技巧，帮助大家快速掌握生成电商图片的基本操作方法。

3.1.1 熟悉常用的 AI 绘画指令

在使用 Midjourney 进行 AI 绘画时，用户可以使用各种指令与 Discord 平台上的 Midjourney Bot（机器人）进行交互，从而告诉它你想要获得一张什么效果的图片。Midjourney 的指令主要用于创建图像、更改默认设置以及执行其他有用的任务。表 3-1 所示为 Midjourney 中常用的 AI 绘画指令。

表 3-1　Midjourney 中常用的 AI 绘画指令

指　　令	描　　述
/ask（问）	得到一个问题的答案
/blend（混合）	轻松地将两张图片混合在一起
/daily_theme（每日主题）	切换 #daily-theme 频道更新的通知
/docs（文档）	在 Midjourney Discord 官方服务器中使用可快速生成指向本用户指南中涵盖的主题链接
/describe（描述）	根据用户上传的图像编写 4 个示例提示词
/faq（常见问题）	在 Midjourney Discord 官方服务器中使用，将快速生成一个链接，指向热门 prompt 技巧频道的常见问题解答
/fast（快速）	切换到快速模式
/help（帮助）	显示 Midjourney Bot 有关的基本信息和操作提示
/imagine（想象）	使用关键词或提示词生成图像
/info（信息）	查看有关用户的账号以及任何排队（或正在运行）的作业信息
/stealth（隐身）	专业计划订阅用户可以通过该指令切换到隐身模式
/public（公共）	专业计划订阅用户可以通过该指令切换到公共模式
/subscribe（订阅）	为用户的账号页面生成个人链接
/settings（设置）	查看和调整 Midjourney Bot 的设置
/prefer option（偏好选项）	创建或管理自定义选项
/prefer option list（偏好选项列表）	查看用户当前的自定义选项
/prefer suffix（偏好后缀）	指定要添加到每个提示词末尾的后缀
/show（展示）	使用图像作业账号（Identity Document，ID）在 Discord 中重新生成作业
/relax（放松）	切换到放松模式
/remix（混音）	切换到混音模式

3.1.2 通过 imagine 指令生成商品图

Midjourney 主要使用 imagine 指令和关键词等文字内容来完成 AI 绘画操作，用户应尽量输入英文关键词。注意，AI 模型对于英文单词的首字母大小写格式没有要求，但注意每个关键词中间要添加一个逗号（英文字体格式）或空格。下面介绍在 Midjourney 中通过 imagine 指令生成商品图的具体操作方法。

步骤01 在 Midjourney 下面的输入框内输入 /（正斜杠符号），在弹出的列表框中选择 imagine 指令，如图 3-1 所示。

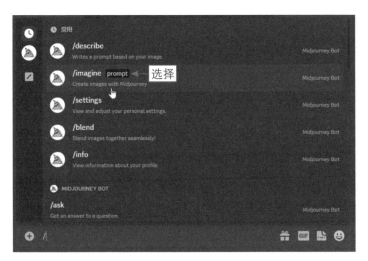

图 3-1 选择 imagine 指令

步骤02 在 imagine 指令后方的 prompt（提示）输入框中输入相应的关键词，如图 3-2 所示。

图 3-2 输入相应的关键词

步骤03 按【Enter】键确认，即可看到 Midjourney Bot 已经开始工作了，并显示图片的生成进度，如图 3-3 所示。

步骤04 稍等片刻，Midjourney 将生成 4 张对应的图片，单击 V1 按钮，如图 3-4 所示。V 按钮的功能是以所选的图片样式为模板重新生成 4 张图片。

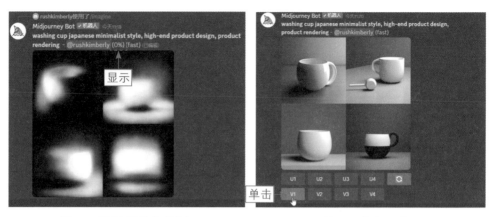

图 3-3　显示图片的生成进度　　　　　　图 3-4　单击 V1 按钮

步骤 05　执行操作后，Midjourney 将以第 1 张图片为模板，重新生成 4 张图片，如图 3-5 所示。

步骤 06　如果用户对重新生成的图片都不满意，可以单击◯（重做）按钮，如图 3-6 所示。

图 3-5　重新生成 4 张图片（1）　　　　图 3-6　单击重做按钮

步骤 07　执行操作后，Midjourney 会再次生成 4 张图片，单击 U2 按钮，如图 3-7 所示。用户可以在选择中意的图片后，单击对应的 U 按钮来生成单张图片。

步骤 08　执行操作后，Midjourney 将在第 2 张图片的基础上进行更加精细的刻画，并放大图片，效果如图 3-8 所示。

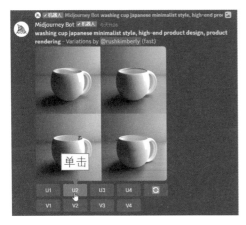

图 3-7　单击 U2 按钮

图 3-8　放大图片

★ 专 家 提 醒 ★

Midjourney 生成的图片下方的 U 按钮表示放大选中图片的细节，可以生成单张的大图效果。如果用户对 4 张图片中的某张图片感到满意，可以使用 U1 ~ U4 按钮进行选择并生成大图，否则 4 张图片是拼在一起的。

步骤09 单击 Make Variations（做出变更）按钮，将以该张图片为模板，重新生成 4 张图片，如图 3-9 所示。

步骤10 单击 U3 按钮，放大第 3 张图片，效果如图 3-10 所示。

图 3-9　重新生成 4 张图片（2）

图 3-10　放大第 3 张图片

3.1.3　通过 describe 指令生成商品图

在 Midjourney 中，用户可以使用 describe 指令获取图片的提示，

扫码看教学视频

35

然后再根据提示内容和图片链接来生成类似的图片，这个过程就称为以图生图，也称为"垫图"。需要注意的是，提示词就是关键词或指令的统称，网上大部分用户也将其称为"咒语"。下面介绍在 Midjourney 中通过 describe 指令生成商品图的具体操作方法。

步骤01 在 Midjourney 下面的输入框内输入 /，在弹出的列表框中选择 describe 指令，如图 3-11 所示。

步骤02 执行操作后，单击上传按钮，如图 3-12 所示。

图 3-11 选择 describe 指令

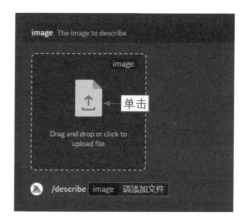

图 3-12 单击上传按钮

步骤03 执行操作后，弹出"打开"对话框，选择相应的图片，如图 3-13 所示。

步骤04 单击"打开"按钮，将图片添加到 Midjourney 的输入框中，如图 3-14 所示，按两次【Enter】键确认。

图 3-13 选择相应的图片

图 3-14 添加到 Midjourney 的输入框中

步骤 05 执行操作后，Midjourney 会根据用户上传的图片生成 4 段提示词，如图 3-15 所示。用户可以通过复制提示词或单击下面的 1 ～ 4 按钮，以该图片为模板生成新的图片效果。

步骤 06 单击生成的图片，在弹出的预览图中单击鼠标右键，在弹出的快捷菜单中选择"复制图片地址"命令，如图 3-16 所示，复制图片链接。

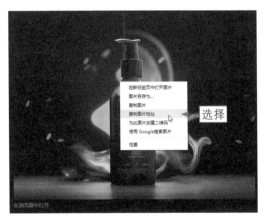

图 3-15　生成 4 段提示词　　　　　　　图 3-16　选择"复制图片地址"命令

步骤 07 执行操作后，在图片下方单击 1 按钮，如图 3-17 所示。

步骤 08 弹出 Imagine This!（想象一下！）对话框，在 PROMPT 文本框中的关键词前面粘贴复制的图片链接，如图 3-18 所示。注意，图片链接和关键词中间要添加一个空格。

图 3-17　单击 1 按钮　　　　　　　　　图 3-18　粘贴复制的图片链接

步骤 09 单击"提交"按钮，以参考图为模板生成 4 张图片，如图 3-19 所示。

步骤 10 单击 U1 按钮，放大第 1 张图片，效果如图 3-20 所示。

图 3-19　生成 4 张图片　　　　　　　　　　　图 3-20　放大第 1 张图片

3.1.4　通过 blend 指令生成商品图

在 Midjourney 中，用户可以使用 blend 指令快速上传 2 ～ 5 张图片，然后查看每张图片的特征，并将它们混合生成一张新的图片。下面介绍在 Midjourney 中通过 blend 指令生成商品图的操作方法。

扫码看教学视频

步骤 01 在 Midjourney 下面的输入框内输入 /，在弹出的列表框中选择 blend 指令，如图 3-21 所示。

步骤 02 执行操作后，出现两个图片框，单击左侧的上传按钮，如图 3-22 所示。

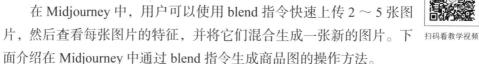

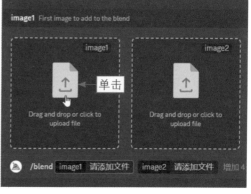

图 3-21　选择 blend 指令　　　　　　　　　　图 3-22　单击上传按钮

步骤 03 执行操作后，弹出"打开"对话框，选择相应的图片，如图 3-23 所示。

步骤 04 单击"打开"按钮，将图片添加到左侧的图片框中，并用同样的操作方法在右侧的图片框中添加一张图片，如图 3-24 所示。

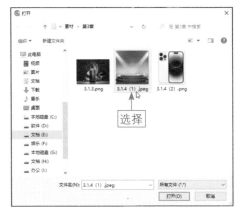

图 3-23　选择相应的图片

图 3-24　添加两张图片

步骤 05 连续按两次【Enter】键，Midjourney 会自动完成图片的混合操作，并生成 4 张新的图片，如图 3-25 所示是没有添加任何关键词的效果。

步骤 06 单击 U2 按钮，放大第 2 张图片，效果如图 3-26 所示。

图 3-25　生成 4 张新的图片

图 3-26　放大第 2 张图片

3.1.5　通过 Remix mode 生成商品图

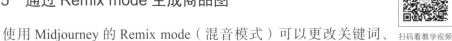

使用 Midjourney 的 Remix mode（混音模式）可以更改关键词、

扫码看教学视频

参数、模型版本或变体之间的横纵比，让 AI 绘画变得更加灵活、多变，下面介绍具体的操作方法。

步骤 01 在 Midjourney 下面的输入框内输入 /，在弹出的列表框中选择 settings 指令，如图 3-27 所示。

步骤 02 按【Enter】键确认，即可调出 Midjourney 的设置面板，如图 3-28 所示。

图 3-27　选择 settings 指令　　　　　　　　图 3-28　调出 Midjourney 的设置面板

★ 专家提醒 ★

为了帮助大家更好地理解设置面板，下面将其中的内容翻译成了中文，如图 3-29 所示。注意，直接翻译的英文不是很准确，具体用法需要用户多练习才能掌握。

步骤 03 在设置面板中，单击 Remix mode 按钮，如图 3-30 所示，即可开启混音模式（按钮显示为绿色）。

图 3-29　设置面板的中文翻译　　　　　　　　图 3-30　单击 Remix mode 按钮

步骤 **04** 通过 imagine 指令输入相应的关键词，生成的图片效果如图 3-31 所示。

步骤 **05** 单击 V2 按钮，弹出 Remix Prompt（混音提示）对话框，如图 3-32 所示。

图 3-31 生成的图片效果

图 3-32 Remix Prompt 对话框

步骤 **06** 适当修改其中的某个关键词，如将 lychee（荔枝）改为 apple（苹果），如图 3-33 所示。

步骤 **07** 单击"提交"按钮，即可重新生成相应的图片，将图中的荔枝变成苹果，效果如图 3-34 所示。

图 3-33 修改某个关键词

图 3-34 重新生成相应的图片效果

3.2 Midjourney电商图片绘画的高级设置

Midjourney 具有强大的 AI 绘画功能，用户可以通过各种指令和关键词来改变 AI 绘画的效果，生成更优秀的电商图片。本节将介绍一些 Midjourney 电商图片绘画的高级设置，让用户在生成电商图片时更加得心应手。

3.2.1　设置图像的横纵比

aspect rations（横纵比）指令用于更改生成图像的宽高比，通常表示为比号分割两个数字，比如 16∶9 或者 4∶3。注意，aspect rations 指令中的冒号为英文字体格式，且数字必须为整数。Midjourney 的默认宽高比为 1∶1，效果如图 3-35 所示。

用户可以在关键词后面加 --aspect 指令或 --ar 指令，指定图片的横纵比。例如，使用与图 3-35 中相同的关键词，并在结尾处加上 --ar 3∶4 指令，即可生成相应尺寸的竖图，效果如图 3-36 所示。需要注意的是，在生成图片或放大图片的过程中，最终输出的尺寸效果可能会略有修改。

图 3-35　默认宽高比效果

图 3-36　生成相应尺寸的图片

3.2.2 设置出图的变化程度

在 Midjourney 中使用 --chaos（简写为 --c）指令，可以影响图片生成结果的变化程度，能够激发 AI 的创造能力，值（范围为 0 ～ 100，默认值为 0）越大，AI 越会有更多自己的想法。

在 Midjourney 中输入相同的关键词，较低的 --chaos 值具有更可靠的结果，生成的图片在风格、构图上比较相似，效果如图 3-37 所示；较高的 --chaos 值将产生更多不寻常和意想不到的结果和组合，生成的图片在风格、构图上的差异较大，效果如图 3-38 所示。

图 3-37　较低的 --chaos 值生成的图片效果

图 3-38　较高的 --chaos 值生成的图片效果

3.2.3　指定不需要的元素

在关键词的末尾处加上 --no xx 指令，可以让画面中不出现 xx 内容。例如，在关键词后面添加 --no plants 指令，表示生成的图片中不出现植物，效果如图 3-39 所示。

图 3-39　添加 --no 指令生成的图片效果

★ 专 家 提 醒 ★

用户可以使用 imagine 指令与 Discord 上的 Midjourney Bot 互动，该指令用于通过简短的文本说明（即关键词）生成唯一的图片。Midjourney Bot 最适合使用简短的句子来描述你想要看到的内容，避免使用过长的关键词。

3.2.4　设置图像的生成质量

在关键词后面加 --quality（简写为 --q）指令，可以改变图片生成的质量，不过高质量的图片需要更长的时间来处理细节。更高的质量意味着每次生成图片图形处理器（Graphics Processing Unit，GPU）需要的时间也会增加。

例如，通过 imagine 指令输入相应的关键词，并在结尾处加上 --quality .25 指令，即可以最快的速度生成最不详细的图片效果，可以看到花朵的细节变得非常模糊，如图 3-40 所示。

图 3-40 最不详细的图片效果

通过 imagine 指令输入相同的关键词，并在关键词的结尾处加上 --quality .5 指令，即可生成不太详细的图片效果，如图 3-41 所示，与不使用 --quality 指令时的结果差不多。

图 3-41 不太详细的图片效果

继续通过 imagine 指令输入相同的关键词，并在结尾处加上 --quality 1 指令，即可生成有更多细节的图片效果，如图 3-42 所示。

图 3-42　有更多细节的图片效果

★专家提醒★

需要注意的是，更高的 --quality 值并不总是更好，有时较低的 --quality 值可以产生更好的结果，这取决于用户对作品的期望。例如，较低的 --quality 值比较适合绘制抽象主义风格的画作。

3.2.5　获取图片的种子值

扫码看教学视频

在使用 Midjourney 生成图片时，会有一个从模糊的"噪点"逐渐变得具体清晰的过程，而这个"噪点"的起点就是"种子"，即 seed，Midjourney 依靠它来创建一个"视觉噪声场"，作为生成初始图片的起点。

种子值是 Midjourney 为每张图片随机生成的，但可以使用 --seed 指令指定。在 Midjourney 中使用相同的种子值和关键词，将产生相同的出图结果，利用这点我们可以生成连贯一致的人物形象或者场景。

下面介绍获取图片种子值的操作方法。

步骤01 在 Midjourney 中生成相应的图片后，在该消息上方单击"添加反应"图标，如图 3-43 所示。

步骤02 执行操作后，弹出"反应"对话框，如图 3-44 所示。

图 3-43　单击"添加反应"图标

图 3-44　"反应"对话框

步骤 03 在搜索框中输入 envelope（信封），并单击搜索结果中的信封图标 ，如图 3-45 所示。

步骤 04 执行操作后，Midjourney Bot 将会给我们发送一个消息，单击 Midjourney Bot 图标 ，如图 3-46 所示。

图 3-45　单击信封图标

图 3-46　单击 Midjourney Bot 图标

步骤 05 执行操作后，即可看到 Midjourney Bot 发送的 Job ID（作业 ID）和图片的种子值，如图 3-47 所示。

步骤 06 此时我们可以对关键词进行适当修改，并在结尾处加上 --seed 指令，指令后面输入图片的种子值，然后再生成新的图片，效果如图 3-48 所示。

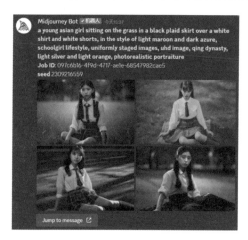
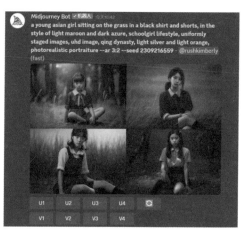

图 3-47 MidjourneyBot 发送的种子值　　　　图 3-48 生成新的图片

步骤 07 单击 U3 按钮，放大第 3 张图片，效果如图 3-49 所示。

图 3-49 放大第 3 张图片

3.2.6 设置图像的风格化程度

在 Midjourney 中，使用 stylize 指令可以让生成的图片更具艺术风格。较低的 stylize 值生成的图片与关键词密切相关，但艺术性较差，效果如图 3-50 所示。

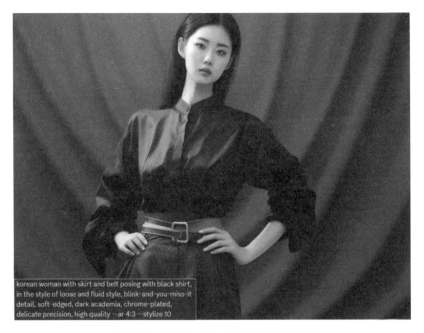

图 3-50　较低的 stylize 值生成的图片效果

较高的 stylize 值生成的图片非常有艺术性，但与关键词的关联性也较低，AI 会有更多的自由发挥空间，效果如图 3-51 所示。

图 3-51　较高的 stylize 值生成的图片效果

3.2.7　提升以图生图的权重

在 Midjourney 中以图生图时，使用 iw 指令可以提升图像权重，即调整提示的图像（参考图）与文本部分（提示词）的重要性。

用户使用的 iw 值（.5 ～ 2）越大，表明你上传的图片对输出的结果影响越大。注意，Midjourney 中指令的参数值如果为小数（整数部分是 0）时，只需加小数点即可，前面的 0 不用写出来。下面介绍提升以图生图的权重的操作方法。

步骤 01　在 Midjourney 中使用 describe 指令上传一张参考图，并生成相应的提示词，如图 3-52 所示。

步骤 02　单击参考图，在弹出的预览图中单击鼠标右键，在弹出的快捷菜单中选择"复制图片地址"命令，如图 3-53 所示，复制图片链接。

图 3-52　生成相应的提示词

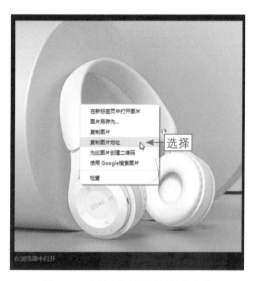

图 3-53　选择"复制图片地址"命令

步骤 03　调用 imagine 指令，将复制的图片链接和相应的关键词输入到 prompt 的输入框中，并在后面输入 --iw 2 指令，如图 3-54 所示。

图 3-54　输入相应的图片链接、提示词和指令

步骤 04 按【Enter】键确认，即可生成与参考图的风格极其相似的图片效果，如图 3-55 所示。

步骤 05 单击 U1 按钮，生成第 1 张图的大图，效果如图 3-56 所示。

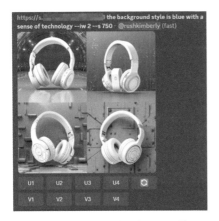

图 3-55　生成与参考图相似的图片

图 3-56　生成第 1 张图的大图

3.2.8　将关键词保存为标签

在通过 Midjourney 进行 AI 绘画时，我们可以使用 prefer option set（创建自定义变量）指令，将一些常用的关键词保存在一个标签中，这样每次绘画时就不用重复输入一些相同的关键词。下面介绍将关键词保存为标签的操作方法。

步骤 01 在 Midjourney 下面的输入框内输入 /，在弹出的列表框中选择 prefer option set 指令，如图 3-57 所示。

步骤 02 执行操作后，在 option（选项）文本框中输入相应的名称，如 label（标签），如图 3-58 所示。

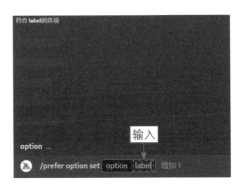

图 3-57　选择 prefer option set 指令

图 3-58　输入相应的名称

步骤 03 执行操作后，单击"增加 1"按钮，在上方的"选项"列表框中选择 value（参数值）选项，如图 3-59 所示。

图 3-59　选择 value 选项

步骤 04 执行操作后，在 value 输入框中输入相应的关键词，如图 3-60 所示。这里的关键词就是我们要添加的一些固定的指令。

图 3-60　输入相应的关键词

步骤 05 按【Enter】键确认，即可将上述关键词储存到 Midjourney 的服务器中，如图 3-61 所示，从而给这些关键词打上一个统一的标签，标签名称就是 label。

图 3-61　储存关键词

步骤 06 在 Midjourney 中，通过 imagine 指令输入相应的关键词，主要用于描述主体，如图 3-62 所示。

图 3-62　输入描述主体的关键词

步骤07 在关键词的后面添加一个空格，并输入 --label 指令，即调用 label 标签，如图 3-63 所示。

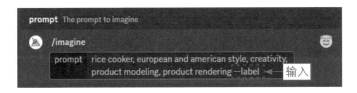

图 3-63　输入 --label 指令

步骤08 按【Enter】键确认，即可生成相应的图片，效果如图 3-64 所示。可以看到，Midjourney 在绘画时会自动添加 label 标签中的关键词。

步骤09 单击 U1 按钮，放大第 1 张图片，效果如图 3-65 所示。

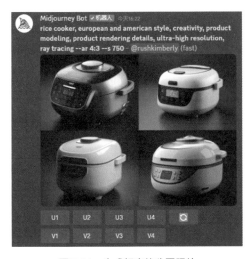

图 3-64　生成相应的公园照片

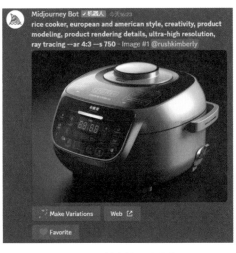

图 3-65　放大第 1 张图片

★ 专 家 提 醒 ★

Midjourney 生成的文字都是一些不规则的乱码，目前无法生成精准的文字内容，用户只能在后期通过 Photoshop 等软件来添加文字效果。

本章小结

本章主要向读者介绍了 Midjourney 的 AI 电商图片绘画技巧和高级设置，具体内容包括熟悉常用 AI 绘画指令、以文生图生成商品图、以图生图生成商品图、混合生图生成商品图、设置图像的横纵比、指定不需要的元素、设置图像的生成质量、获取图片的种子值、设置图像的风格化程度、将关键词保存为标签等。希望读者通过对本章的学习，能够更好地掌握用Midjourney生成电商图片的操作方法。

课后习题

鉴于本章知识的重要性，为了帮助读者更好地掌握所学知识，本节将通过课后习题，帮助读者进行简单的知识回顾和补充。

1. 使用Midjourney生成一张横纵比为4:3的商品图片，效果如图3-66所示。

图3-66　横纵比为4:3的商品图片效果

2. 使用Midjourney生成一张stylize值为360的商品图片，效果如图3-67所示。

图3-67　stylize值为360的商品图片效果

第 4 章
工具 3：使用 Adobe Firefly 进行电商图片绘画

　　Adobe Firefly 是一个基于生成式 AI 技术的图像创作工具，用户可以通过文字快速生成风格多样的图片，而且它还提供了丰富的样式和选项，让用户轻松探索不同的可能性。本章主要介绍使用 Adobe Firefly 进行电商图片绘画的相关技巧，帮助大家快速"用文字画出你的想象力"。

4.1 掌握Firefly的AI电商图片绘画操作

Adobe Firefly（简称 Firefly）目前还处在测试阶段，很多新的功能正处在开发探索中，如图 4-1 所示。本节主要介绍 Firefly 的基本 AI 绘画操作，即"文字转图片"功能，帮助大家用 Firefly 轻松绘制各种电商图片。

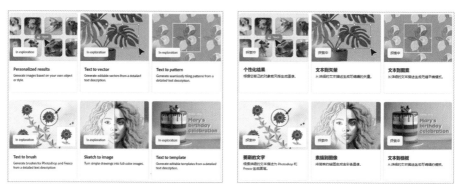

图 4-1　Adobe Firefly 探索中的新功能（右图为中文翻译）

4.1.1　文字转图片的基本操作

"文字转图片"是指通过用户输入的关键词来生成图像，Firefly 通过对大量数据进行学习和处理后能够自动生成具有艺术特色的图像，具体操作方法如下。

扫码看教学视频

步骤 01 进入 Adobe Firefly（Beta）主页，在 Text to image（文字转图片）选项区中单击 Generate（生成）按钮，如图 4-2 所示。

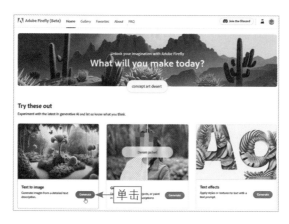

图 4-2　单击 Generate 按钮

步骤02 执行操作后，进入 Text to image 页面，输入相应的关键词，单击 Generate 按钮，如图 4-3 所示。关键词尽量用英文，Firefly 对中文的识别率太低。

图 4-3　单击 Generate 按钮

步骤03 执行操作后，Firefly 将根据关键词自动生成 4 张图片，如图 4-4 所示。

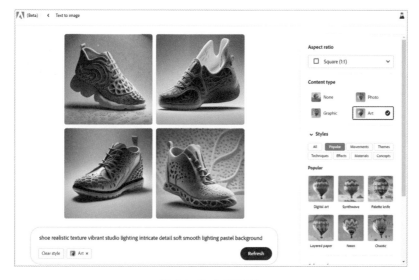

图 4-4　生成 4 张图片

步骤04 单击相应的图片，即可预览大图效果，在图片右上角单击 Download （下载）按钮，如图 4-5 所示。

图 4-5　单击 Download 按钮

步骤 05 执行操作后，弹出 Promoting transparency in AI（促进 AI 的透明度）对话框，单击 Continue（继续）按钮，如图 4-6 所示。

步骤 06 执行操作后，即可下载图片，最终效果如图 4-7 所示。

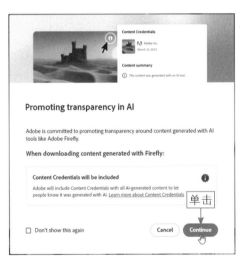

图 4-6　单击 Continue 按钮　　　　　　图 4-7　下载的图片

★ 专家提醒 ★

　　需要注意的是，通过 Firefly 生成的图片会自动添加水印，目前是无法直接去除的，后续的付费版本可能会提供去水印服务。

4.1.2　设置图像的横纵比

Firefly 预设了多种图像横纵比选项，如正方形（1∶1）比例、风景（4∶3）比例、纵向（3∶4）比例、宽屏（16∶9）比例等。用户生成相应的图片后，可以修改画面的横纵比，具体操作方法如下。

步骤01 在上一例关键词生成的图片的基础上，在右侧的 Aspect ratio（横纵比）选项区中单击 Square（正方形）下拉按钮，如图 4-8 所示。

步骤02 执行操作后，在弹出的下拉列表中选择"Landscape（4∶3）"（风景）选项，如图 4-9 所示。

图 4-8　单击 Square 下拉按钮

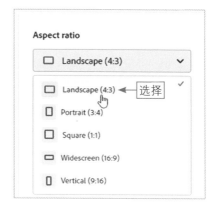

图 4-9　选择"Landscape（4∶3）"选项

步骤03 执行操作后，Firefly 将重新生成 4 张图片，效果如图 4-10 所示。

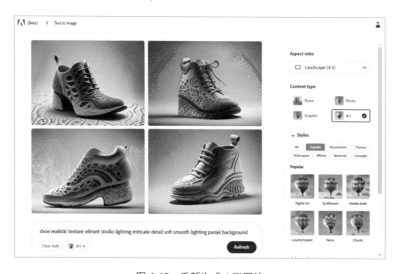

图 4-10　重新生成 4 张图片

步骤 04 此时生成的图片比例为 4∶3，放大第 4 张图片，效果如图 4-11 所示。

图 4-11　放大第 4 张图片

★ 专家提醒 ★

图片的横纵比（也称为宽高比或长宽比）指的是图片的宽度和高度的比例关系。横纵比可以对人们观看图片时的视觉感知和审美产生影响，不同的横纵比可以营造出不同的视觉效果。

4.1.3　设置图像的内容类型

用户可以在 Firefly 中通过相关的关键词，产生不同内容类型（Content type）的图像，具体包括 None（无）、Photo（照片）、Graphic（图形）、Art（艺术）。下面介绍设置图像内容类型的具体操作方法。

扫码看教学视频

步骤 01 在上一例关键词生成的图片的基础上，在右侧的 Content type 选项区中可以看到默认为 Art，用户可以单击关键词输入框中的 Clear style（清除样式）按钮，如图 4-12 所示。

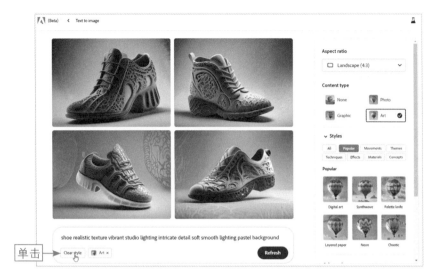

图 4-12　单击 Clear style 按钮

步骤02 执行操作后，即可将 Content type 改为 None。单击 Refresh（刷新）按钮重新生成 4 张图片，效果如图 4-13 所示，放大第 2 张图片作为效果图保存。

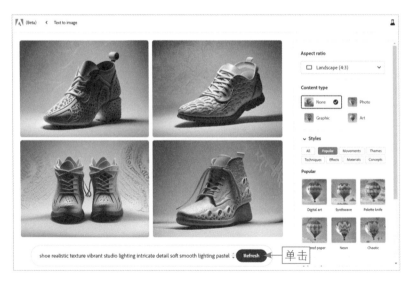

图 4-13　重新生成图片

4.1.4　设置图像的风格样式

Firefly 中内置了大量的 Styles（风格样式），如 Popular（流行）、Techniques（技巧）、Effects（效果）、Movements（动作）、Materials

扫码看教学视频

61

（材料）、Themes（主题）、Concepts（概念）等，能够帮助用户做出各种类型的图像效果。下面介绍设置图像风格样式的具体操作方法。

步骤01 在上一例关键词生成的图片的基础上，在右侧的 Styles 选项区中单击 Concepts 标签，如图 4-14 所示。

步骤02 切换至 Concepts 选项卡，选择 Nostalgic（怀旧）样式，如图 4-15 所示。

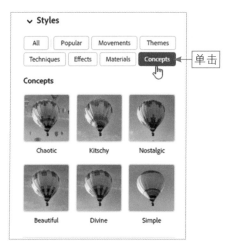

图 4-14　单击 Concepts 按钮

图 4-15　选择 Nostalgic 样式

步骤03 单击 Generate 按钮，即可使用 Nostalgic（怀旧）样式重新生成 4 张图片，营造出一种怀旧、复古的视觉效果，如图 4-16 所示。

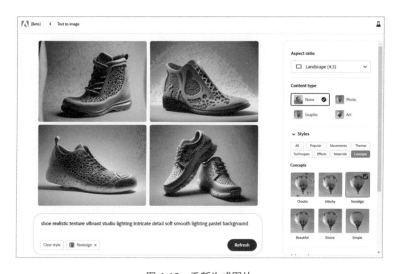

图 4-16　重新生成图片

步骤 04 放大第 4 张图片进行展示，鞋子更具复古样式，效果如图 4-17 所示。

图 4-17　图片展示效果

4.1.5　设置图像的颜色和色调

扫码看教学视频

用户可以通过 Firefly 中的 Color and tone（颜色和色调）选项改变图像的色彩，让效果图的色彩更加符合要求，具体操作方法如下。

步骤 01 在上一例关键词生成的图片的基础上，在右侧的 Color and tone 选项下方单击 None（无）下拉按钮，如图 4-18 所示。

步骤 02 在弹出的下拉列表中选择 Vibrant color（鲜明的色彩）选项，如图 4-19 所示。Vibrant color 在 AI 绘画中意味着明亮、鲜艳和充满活力的颜色。

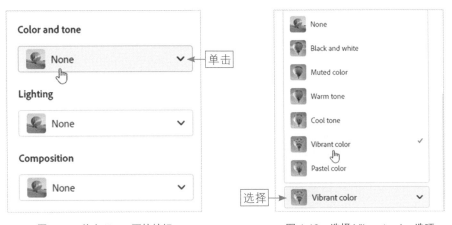

图 4-18　单击 None 下拉按钮　　　　　　图 4-19　选择 Vibrant color 选项

步骤03 单击 Generate 按钮重新生成 4 张图片，可以看到图片的颜色变得更加鲜艳，效果如图 4-20 所示。

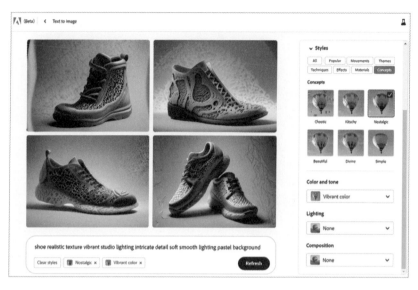

图 4-20　重新生成图片

步骤04 放大第 4 张图片进行展示，可以看到不管是背景中的纹理，还是鞋子主体对象，画面的颜色都变得更有视觉冲击力，效果如图 4-21 所示。

图 4-21　图片展示效果

4.1.6　设置图像的灯光效果

用户可以通过 Firefly 中的 Lighting（灯光）选项改变图像的影调，让画面的光线效果更加明显、更有氛围感，具体操作方法如下。

步骤01 在上一例关键词生成的图片的基础上，在右侧的 Lighting 选项下方单击 None 下拉按钮，如图 4-22 所示。

步骤02 在弹出的下拉列表中选择 Dramatic lighting（戏剧性的灯光）选项，如图 4-23 所示。Dramatic lighting 可以创造出强烈的明暗对比效果。

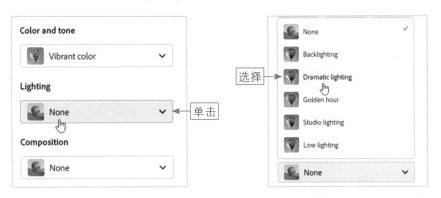

图 4-22　单击 None 下拉按钮　　　　图 4-23　选择 Dramatic lighting 选项

步骤03 单击 Generate 按钮重新生成 4 张图片，可以看到画面中的光线对比变得更加强烈，效果如图 4-24 所示。

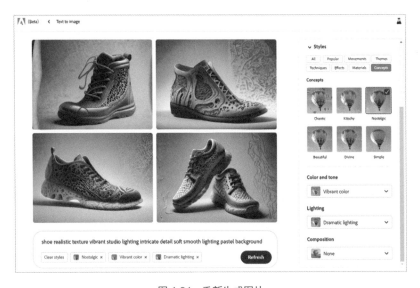

图 4-24　重新生成图片

步骤04 放大第 4 张图片进行展示，可以看到画面的明暗层次感更强，使整个绘画作品更加生动和引人注目，效果如图 4-25 所示。

图 4-25　图片展示效果

4.1.7　设置图像的构图效果

扫码看教学视频

用户可以通过 Firefly 中的 Composition（构图）选项改变图像的构图形式，让画面主体更加突出，具体操作方法如下。

步骤01 在上一例关键词生成的图片的基础上，在右侧的 Composition 选项下方单击 None 下拉按钮，如图 4-26 所示。

步骤02 在弹出的下拉列表中选择 Close up（特写）选项，如图 4-27 所示。Close up 是一种强调主体细节的构图形式。

图 4-26　单击 None 下拉按钮　　　　图 4-27　选择 Close up 选项

步骤03 单击 Generate 按钮重新生成 4 张图片，能够更好地展现出主体的细节之美，效果如图 4-28 所示。

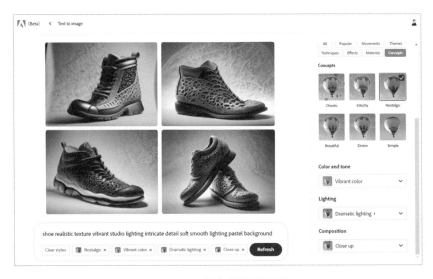

图 4-28 重新生成的图片效果

步骤04 放大第 3 张图片进行展示，可以看到鞋子表面细微的纹理更加明显，效果如图 4-29 所示。

图 4-29 图片展示效果

4.2 使用Firefly的"生成填充"功能

Firefly 的 "生成填充" 功能使用生成式对抗网络（Generative Adversarial Networks，GAN）等 AI 技术来自动生成、填充或完善绘画作品，可以用于自动完成草图或线稿、添加细节或纹理、改善色彩和构图等。

★ 专 家 提 醒 ★

GAN 是深度学习的重要研究方向之一，已经成功应用于图像生成、图像修复、图像超分辨率、图像风格转换等领域。GAN 技术的优点在于能够生成与真实数据非常相似的假数据，同时具有较高的灵活性和可扩展性。

"生成填充" 功能为电商美工设计提供了一种实用的创意工具，可以用于加速创作过程、探索新颖的创作方向，本节将介绍这种强大功能的具体用法。

4.2.1 生成填充的基本操作

利用 "生成填充" 功能能够在原图的基础上生成新的图像内容，并根据用户输入的关键词进行个性化的创作。下面介绍 "生成填充" 功能的基本使用方法。

扫码看教学视频

步骤 01 进入 Adobe Firefly（Beta）主页，在 Generative fill（生成填充）选项区中单击 Generate 按钮，如图 4-30 所示。

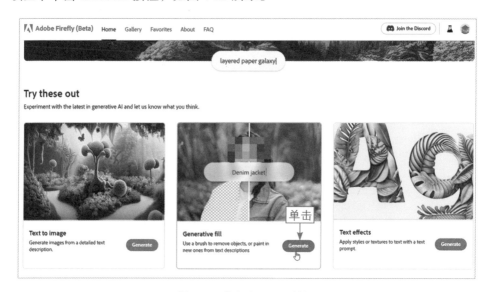

图 4-30　单击 Generate 按钮

步骤02 执行操作后，进入 Generative fill 页面，单击 Upload image（上传图片）按钮，如图 4-31 所示。

图 4-31　单击 Upload image 按钮

步骤03 执行操作后，弹出"打开"对话框，选择一张素材图片，如图 4-32 所示。

步骤04 单击"打开"按钮，即可上传素材图片并进入 Generative fill 编辑页面，如图 4-33 所示。

图 4-32　选择一张素材图片

图 4-33　上传素材图片

步骤05 使用 Add（添加）画笔工具 ✍ 在商品主体上进行涂抹，涂抹的区域呈透明状态显示，如图 4-34 所示。

步骤06 在底部的关键词输入框中输入 butterfly bow（蝴蝶结），并单击 Generate 按钮，如图 4-35 所示。

图 4-34　涂抹图像

图 4-35　单击 Generate 按钮

步骤 07 执行操作后，即可在涂抹的透明区域中生成一个蝴蝶结图像，效果如图 4-36 所示。

步骤 08 在下方的工具栏中可以选择不同的图像效果，如选择第 4 个图像的效果如图 4-37 所示。

图 4-36　生成蝴蝶结图像

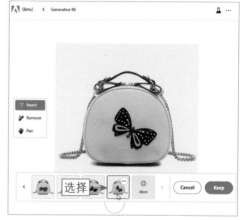

图 4-37　选择第 4 个图像的效果

步骤 09 单击 More（更多）按钮，可以重新生成 4 个图像，选择相应的图像效果，如图 4-38 所示。

步骤 10 单击 Keep（保持）按钮，即可应用生成的图像效果，如图 4-39 所示。

步骤 11 单击右上角的 ••• 按钮，在弹出的列表框中选择 Download 选项，如图 4-40 所示。

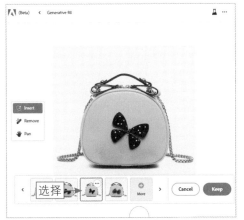

图 4-38　选择相应的图像效果

图 4-39　应用生成的图像效果

步骤 12 执行操作后，在弹出的对话框中单击 Continue（继续）按钮，即可保存图像，最终效果如图 4-41 所示。

图 4-40　选择 Download 选项

图 4-41　最终效果

4.2.2　修复商品图像中的瑕疵

"生成填充"功能除了可以用来绘制新的图像，还可以将原图像中多余的杂物去除，或者修复某些有瑕疵的地方。下面介绍修复商品图像瑕疵的操作方法。

扫码看教学视频

步骤 01 在 Adobe Firefly（Beta）主页的 Generative fill 选项区中单击 Generate 按钮，进入 Generative fill 页面，单击 Upload image 按钮，弹出"打开"对话框，选择一张素材图片，如图 4-42 所示。

步骤02 单击"打开"按钮，即可上传素材图片并进入 Generative fill 编辑页面，如图 4-43 所示。

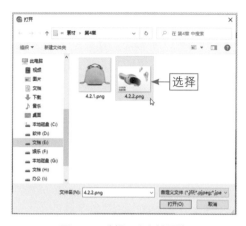

图 4-42　选择一张素材图片

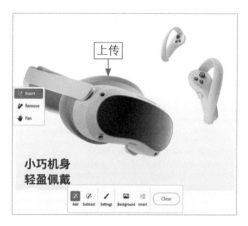

图 4-43　上传素材图片

步骤03 使用 Add 画笔工具 ✎ 在要去除的图像瑕疵部位涂抹，涂抹的区域呈透明状态显示，如图 4-44 所示。

步骤04 不要输入任何关键词，直接单击 Generate 按钮，如图 4-45 所示。

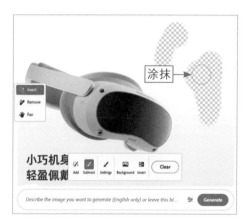

图 4-44　涂抹图像

图 4-45　单击 Generate 按钮

★ 专 家 提 醒 ★

通过修复商品图片的瑕疵，可以改善图片的外观，提升商品的视觉吸引力和形象，这有助于吸引消费者的注意力，并增加他们对商品的兴趣和购买欲望。

步骤05 执行操作后，即可去除透明区域中的图像，效果如图 4-46 所示。

步骤06 单击 Keep 按钮，即可完成修复图像瑕疵，效果如图 4-47 所示。

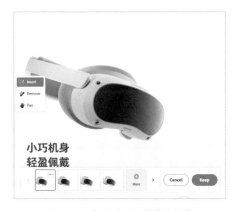

图 4-46　去除透明区域中的图像　　　　　图 4-47　修复图像瑕疵的效果

4.2.3　去除商品图像中的元素

扫码看教学视频

在 Generative fill 编辑页面中，使用 Remove（去除）工具 可以快速去除图像中不需要的元素，具体操作方法如下。

步骤01 在 Adobe Firefly（Beta）主页的 Generative fill 选项区中单击 Generate 按钮，进入 Generative fill 页面，单击 Upload image 按钮，弹出"打开"对话框，选择一张素材图片，如图 4-48 所示。

步骤02 单击"打开"按钮，即可上传素材图片并进入 Generative fill 编辑页面，如图 4-49 所示。

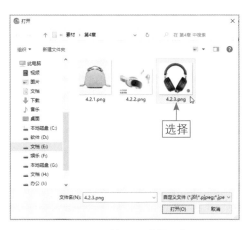

图 4-48　选择一张素材图片　　　　　　　图 4-49　上传素材图片

步骤03 在左侧的工具栏中，选取 Remove 工具 ，如图 4-50 所示，此时底部的关键词输入框消失了。

步骤 04 在要去除的图像瑕疵部位涂抹，涂抹的区域呈透明状态显示，如图 4-51 所示。

图 4-50　选取 Remove 工具

图 4-51　涂抹图像

步骤 05 单击 Remove 按钮，即可去除透明区域中的图像元素，如图 4-52 所示。

步骤 06 单击 Keep 按钮，即可确认去除操作，最终效果如图 4-53 所示。

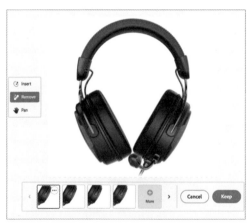

图 4-52　去除图像元素

图 4-53　最终效果

4.2.4　一键抠出商品主体图像

在 Generative fill 编辑页面中，使用 Background（背景）工具

扫码看教学视频

可以快速去除图像背景，将主体图像抠出来，具体操作方法如下。

步骤01 在 Adobe Firefly（Beta）主页的 Generative fill 选项区中单击 Generate 按钮，进入 Generative fill 页面，单击 Upload image 按钮，弹出"打开"对话框，选择一张素材图片，如图 4-54 所示。

步骤02 单击"打开"按钮，即可上传素材图片并进入 Generative fill 编辑页面，如图 4-55 所示。

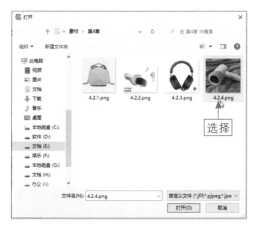

图 4-54 选择一张素材图片

图 4-55 上传素材图片

步骤03 在下方的工具栏中，选取 Background 工具 ，如图 4-56 所示。

步骤04 执行操作后，将自动去除商品图像的背景，效果如图 4-57 所示。

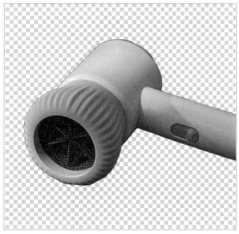

图 4-56 选取 Background 工具

图 4-57 去除背景的效果

步骤05 在下方的关键词输入框中输入 gradient gray background（渐变灰色

背景），如图 4-58 所示。

步骤06 单击 Generate 按钮，即可生成相应的背景效果，如图 4-59 所示。

图 4-58　输入相应关键词　　　　　　　　　图 4-59　生成相应的背景效果

4.2.5　更换图像中的商品主体

扫码看教学视频

在 Generative fill 编辑页面中，使用 Background 工具 抠图后，还可以使用 Invert（倒转）工具 反转抠图效果，只保留背景图像，再利用 Generate 功能生成新的商品主体，具体操作方法如下。

步骤01 在 Generative fill 编辑页面中上传一张素材图片，如图 4-60 所示。

步骤02 选取 Background 工具 ，去除商品图像的背景，效果如图 4-61 所示。

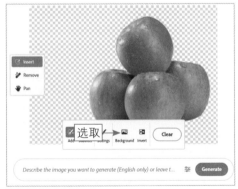

图 4-60　上传一张素材图片　　　　　　　　图 4-61　去除背景的效果

步骤03 选取 Invert 工具 ，反转抠图效果，如图 4-62 所示。

步骤 04 使用 Add 画笔工具 ✎在透明区域的边缘处涂抹，适当扩大透明区域，如图 4-63 所示。

图 4-62 反转抠图效果　　　　　　　　图 4-63 适当扩大透明区域

步骤 05 在下方的关键词输入框中输入 tangerine（橘子），如图 4-64 所示。

步骤 06 单击 Generate 按钮，即可生成相应的商品主体图像，效果如图 4-65 所示。

图 4-64 输入相应的关键词　　　　　　　　图 4-65 生成相应的主体图像

本章小结

本章主要向读者介绍了使用 Adobe Firefly 进行电商图片绘画的相关操作方法，如文字转图片的基本操作、设置图像的横纵比、设置图像的内容类型、设置图像的风格样式、设置图像的颜色和色调、设置图像的灯光效果、设置图像的构图效果、生成填充的基本操作、修复商品图像中的瑕疵、去除商品图像中的元素、一键抠出商品主体图像、更换图像中的商品主体等内容。希望读者通过对本章的学习，能够更好地掌握 Adobe Firefly 的 AI 绘画技巧。

课后习题

鉴于本章知识的重要性，为了帮助读者更好地掌握所学知识，本节将通过课后习题，帮助读者进行简单的知识回顾和补充。

1. 使用 Firefly 的"文字转图片"功能绘制一张音箱产品展示图，效果如图 4-66 所示。

2. 使用 Firefly 的"生成填充"功能去除商品图像中多余的杂物，效果如图 4-67 所示。

图 4-66　音箱产品展示图

图 4-67　去除多余杂物的效果

第 5 章
工具 4：使用 Photoshop AI 版进行电商图片绘画

随着 Adobe Photoshop 24.6（Beta）版（即 Photoshop AI 版）的推出，Photoshop 集成了更多的 AI 功能，其中最强大的就是"创成式填充"功能，让这一代 Photoshop 成为电商设计师不可或缺的工具。本章主要介绍使用 Photoshop 的"创成式填充"功能进行电商图片绘画的方法。

5.1 掌握Photoshop的AI绘画操作

"创成式填充"功能的原理其实就是使用AI绘画技术，在原有图像上绘制新的图像，或者扩展原有图像的画布生成更多的图像内容，同时还可以进行智能化的修图处理。本节主要介绍Photoshop（简称PS）的AI绘画操作。

5.1.1 去除商品图像中的元素

使用PS的"创成式填充"功能，可以一键去除商品图像中的杂物或任何不想要的元素，它是通过AI绘画的方式来填充要去除元素的区域，而不是过去的"内容识别"或"近似匹配"方式，因此填充效果要更好，具体操作方法如下。

扫码看教学视频

步骤01 选择"文件"|"打开"命令，打开一张素材图片，如图5-1所示。

步骤02 选取工具箱中的套索工具 ♀，如图5-2所示。

图5-1 打开素材图片

图5-2 选取套索工具

★ 专家提醒 ★

套索工具 ♀是一种用于选择图像区域的工具，它可以让用户手动绘制一个不规则的选区，以便在选定的区域内进行编辑、移动、删除或应用其他操作。在使用套索工具 ♀时，用户可以按住鼠标左键并拖曳来勾勒出自己想要选择的区域，从而更精确地控制图像编辑的范围。

步骤03 运用套索工具 ♀在画面中相应的图像周围按住鼠标左键并拖曳，框住画面中的相应元素，如图5-3所示。

步骤 04 释放鼠标左键，即可创建一个不规则的选区，在下方的浮动工具栏中单击"创成式填充"按钮，如图5-4所示。

图5-3 框住画面中的元素

图5-4 单击"创成式填充"按钮

步骤 05 执行操作后，在浮动工具栏中单击"生成"按钮，如图5-5所示。

步骤 06 稍等片刻，即可去除选区中的图像元素，效果如图5-6所示。

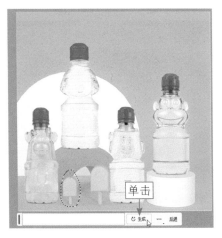

图5-5 单击"生成"按钮

图5-6 最终效果

5.1.2 在商品图像中生成新图像

扫码看教学视频

使用PS的"创成式填充"功能，可以在商品图片的局部区域进行AI绘画操作，用户只需在画面中框选某个区域，然后输入想要生成的内容关键词（必须为英文），即可生成对应的图像内容，具体操作方法如下。

步骤01 选择"文件"|"打开"命令，打开一张素材图片，如图 5-7 所示。

步骤02 运用套索工具 ○ 创建一个不规则的选区，如图 5-8 所示。

图 5-7　打开素材图片　　　　　　　　　图 5-8　创建不规则的选区

步骤03 在下方的浮动工具栏中单击"创成式填充"按钮，在浮动工具栏左侧的输入框中输入关键词 splash of water（水花飞溅），如图 5-9 所示。

步骤04 单击"生成"按钮，显示图像的生成进度，如图 5-10 所示。

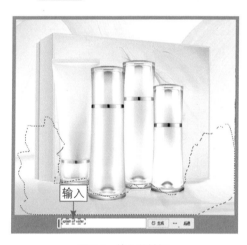

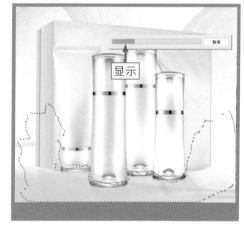

图 5-9　输入关键词　　　　　　　　　　图 5-10　显示图像的生成进度

步骤05 稍等片刻，即可生成相应的图像效果，如图 5-11 所示。注意，即使使用相同的关键词，PS 的"创成式填充"功能每次生成的图像效果都不一样。

步骤06 在生成式图层的"属性"面板中，在"变化"选项区中选择相应的图像，如图 5-12 所示。

图 5-11　生成相应的图像效果　　　　　　图 5-12　选择相应的图像

步骤 07 执行操作后，即可改变画面中生成的图像效果，如图 5-13 所示。

步骤 08 在"图层"面板中可以看到，生成式图层带有蒙版，不会影响原图像的效果，如图 5-14 所示。

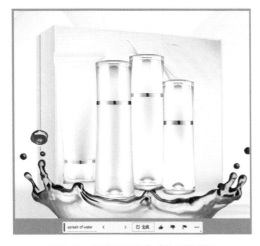

图 5-13　改变画面中生成的图像效果　　　　图 5-14　"图层"面板

★ 专 家 提 醒 ★

"创成式填充"功能利用先进的 AI 算法和图像识别技术，能够自动从周围的环境中推断出缺失的图像内容，并智能地进行填充。"创成式填充"功能使得移除不需要的元素或补全缺失的图像部分变得更加容易，节省了用户大量的时间和精力。

步骤 09 在"属性"面板的"提示"输入框中输入关键词 green leaf ornament

（绿叶装饰），并单击"生成"按钮，如图 5-15 所示。

步骤10 执行操作后，即可生成相应的新图像，效果如图 5-16 所示。

图 5-15　单击"生成"按钮

图 5-16　最终效果

5.1.3　扩展商品图像的画布内容

扫码看教学视频

在 PS 中扩展图像的画布后，使用"创成式填充"功能可以自动填充空白的画布区域，生成与原图像对应的内容，具体操作方法如下。

步骤01 选择"文件"|"打开"命令，打开一张素材图片，如图 5-17 所示。

步骤02 在菜单栏中选择"图像"|"画布大小"命令，如图 5-18 所示。

图 5-17　打开素材图片

图 5-18　选择"画布大小"命令

步骤 03 执行操作后，弹出"画布大小"对话框，选择相应的定位方向，并设置"宽度"为 671 像素，如图 5-19 所示。

步骤 04 单击"确定"按钮，即可从右侧扩展图像画布，效果如图 5-20 所示。

图 5-19 设置"宽度"选项　　　　　　　图 5-20 从右侧扩展图像画布

步骤 05 选取工具箱中的矩形选框工具□，在右侧的空白画布上创建一个矩形选区，如图 5-21 所示。

步骤 06 在下方的浮动工具栏中单击"创成式填充"按钮，如图 5-22 所示。

图 5-21 创建矩形选区　　　　　　　图 5-22 单击"创成式填充"按钮

步骤07 执行操作后，在浮动工具栏中单击"生成"按钮，如图 5-23 所示。

步骤08 稍等片刻，即可在空白的画布中生成相应的图像内容，且能够与原图像无缝融合，效果如图 5-24 所示。

图 5-23　单击"生成"按钮

图 5-24　最终效果

5.2 使用PS AI设计与优化电商广告图片

借助 Photoshop AI 版的"创成式填充"功能，通过巧妙的设计和优化，可以打造出引人注目的电商广告效果图，从修图、排版到创意设计，对每个细节都进行精心雕琢，以突出产品特点、增加吸引力。

有了"创成式填充"功能这种强大的 PS AI 工具，用户可以充分将创意与技术进行结合，并将电商广告图片的视觉冲击力发挥到极致，让消费者在一瞬间被吸引住并产生购买兴趣。本节主要介绍使用 PS AI 版软件设计与优化电商广告图片的技巧。

5.2.1 修改广告图片的背景

扫码看教学视频

当用户做好广告图片后，如果对背景效果不太满意，可以使用"创成式填充"功能快速修改广告背景，具体操作方法如下。

步骤01 选择"文件"|"打开"命令，打开一张素材图片，如图 5-25 所示。

步骤02 在下方的工具栏中单击"选择主体"按钮，如图 5-26 所示。

图 5-25　打开素材图片

图 5-26　单击"选择主体"按钮

步骤 03 执行操作后，即可在主体上创建一个选区，如图 5-27 所示。

步骤 04 在选区下方的浮动工具栏中单击"反相选区"按钮，如图 5-28 所示。

图 5-27　在主体上创建一个选区

图 5-28　单击"反相选区"按钮

步骤 05 执行操作后，即可反选选区，单击"创成式填充"按钮，如图 5-29 所示。

步骤 06 在浮动工具栏中输入相应的关键词，单击"生成"按钮，如图 5-30 所示。

图 5-29　单击"创成式填充"按钮

图 5-30　单击"生成"按钮

步骤 07 执行操作后，即可改变背景效果，在浮动工具栏中单击"下一个变体"按钮 ，如图 5-31 所示。

步骤 08 执行操作后，即可更换其他的背景样式，效果如图 5-32 所示。

图 5-31　单击"下一个变体"按钮　　　　　　图 5-32　最终效果

5.2.2　去除广告图片中的文字

如果广告图片中有多余的文字或水印，用户可以使用"创成式填充"功能快速去除这些内容，具体操作方法如下。

扫码看教学视频

步骤 01 选择"文件"｜"打开"命令，打开一张素材图片，如图 5-33 所示。

步骤 02 选取工具箱中的矩形选框工具 ，在右侧的文字上创建一个矩形选区，单击"创成式填充"按钮，如图 5-34 所示。

图 5-33　打开素材图片　　　　　　图 5-34　单击"创成式填充"按钮

★ 专 家 提 醒 ★

需要注意的是，通过 Midjourney 或者 PS 的"创成式填充"功能生成的文字内容是不可识别的。本书有很多图片素材都是用 AI 绘画工具生成的，因此图中的文字没有任何意义，仅用于演示软件的操作过程。

步骤 03 执行操作后，在浮动工具栏中单击"生成"按钮，如图 5-35 所示。

步骤 04 执行操作后，即可去除选区中的文字，效果如图 5-36 所示。

图 5-35　单击"生成"按钮

图 5-36　最终效果

5.2.3　去除广告图片中的人物

我们在拍摄街景模特类的广告图片素材时，难免会拍到一些路人，此时即可使用"创成式填充"功能一键去除路人，具体操作方法如下。

扫码看教学视频

步骤 01 选择"文件"|"打开"命令，打开一张素材图片，如图 5-37 所示。

步骤 02 选取工具箱中的套索工具 ，沿着相应人物的边缘创建一个选区，在浮动工具栏中单击"创成式填充"按钮，如图 5-38 所示。

图 5-37　打开素材图片

图 5-38　单击"创成式填充"按钮

89

步骤03 执行操作后，在浮动工具栏中单击"生成"按钮，如图5-39所示。

步骤04 执行操作后，即可去除选区中的人物，效果如图5-40所示。

图5-39 单击"生成"按钮

图5-40 最终效果

5.2.4 增加画面中的广告元素

我们在做电商广告图时，可以使用"创成式填充"功能在画面中快速添加一些广告元素，如优惠券等，具体操作方法如下。

扫码看教学视频

步骤01 选择"文件"|"打开"命令，打开一张素材图片，如图5-41所示。

步骤02 选取工具箱中的矩形选框工具 ⬚ ，创建一个矩形选区，如图5-42所示。

图5-41 打开素材图片

图5-42 创建矩形选区

步骤 03 在浮动工具栏中单击"创成式填充"按钮，输入关键词 coupon（优惠券），如图 5-43 所示。

步骤 04 单击"生成"按钮，即可生成一张优惠券，效果如图 5-44 所示。

图 5-43　输入相应的关键词

图 5-44　生成一张优惠券

步骤 05 在优惠券中的文字上，运用矩形选框工具 ⊡ 创建一个矩形选区，如图 5-45 所示。

步骤 06 在浮动工具栏中依次单击"创成式填充"按钮和"生成"按钮，效果如图 5-46 所示。

图 5-45　创建矩形选区

图 5-46　单击"生成"按钮

步骤 07 执行操作后，即可去除优惠券中的文字内容，如图 5-47 所示。如果一次去除不干净，可以多单击几次"生成"按钮，直至将文字完全去除。

步骤08 选取工具箱中的横排文字工具**T**，在优惠券中输入文字"买一送一"，如图 5-48 所示。

图 5-47　去除文字内容　　　　　　　　　　图 5-48　输入相应的文字

步骤09 选中文字内容，展开"字符"面板，设置"字体"为"隶书"、"字体大小"为 7 点、"颜色"为白色（RGB 参数值均为 255），如图 5-49 所示。

步骤10 执行操作后，即可修改文字样式，然后适当调整文字的位置，效果如图 5-50 所示。

图 5-49　设置字符属性　　　　　　　　　　图 5-50　最终效果

5.2.5　改变商品广告中的主体

用户在设计电商广告图时，如果对图片中的商品主体效果不满意，可以使用"创成式填充"功能快速更换主体，具体操作方法如下。

扫码看教学视频

步骤 01 选择"文件"|"打开"命令，打开一张素材图片，如图 5-51 所示。

步骤 02 选取工具箱中的椭圆选框工具○，创建一个圆形选区，如图 5-52 所示。

图 5-51　打开素材图片

图 5-52　创建圆形选区

步骤 03 在浮动工具栏中单击"创成式填充"按钮，输入关键词 steak（牛排），如图 5-53 所示。

步骤 04 单击"生成"按钮，即可生成相应的美食图像，效果如图 5-54 所示。

图 5-53　输入相应的关键词

图 5-54　最终效果

5.2.6　给模特照片一键换装

扫码看教学视频

用户如果对模特照片中的穿搭效果不满意，可以使用"创成式填充"功能更换相应的服装，具体操作方法如下。

步骤 01 选择"文件"|"打开"命令，打开一张素材图片，如图 5-55 所示。

步骤02 选取工具箱中的矩形选框工具□，创建一个矩形选区，如图 5-56 所示。

图 5-55　打开素材图片　　　　　　　　　　图 5-56　创建矩形选区

步骤03 单击"创成式填充"按钮，输入关键词 skirt（裙子），如图 5-57 所示。

步骤04 单击"生成"按钮，即可生成相应的服装图像，效果如图 5-58 所示。

图 5-57　输入相应的关键词　　　　　　　　图 5-58　最终效果

本章小结

　　本章主要向读者介绍了使用 Photoshop AI 版进行电商图片绘画的相关技巧，具体内容包括去除商品图像中的元素、在商品图像中生成新图像、扩展商品图像的画布内容、修改广告图片的背景、增加画面中的广告元素、改变商品广告中的主体、给模特照片一键换装等。希望读者通过对本章的学习，能够更好地掌握 Photoshop AI 版的"创成式填充"功能的用法。

课后习题

　　鉴于本章知识的重要性，为了帮助读者更好地掌握所学知识，本节将通过课后习题，帮助读者进行简单的知识回顾和补充。

　　1. 使用 Photoshop 去除商品图像中的杂物，素材和效果图对比如图 5-59 所示。

图 5-59　素材和效果图对比（1）

　　2. 使用 Photoshop 在图像中生成音符元素，素材和效果图对比如图 5-60 所示。

图 5-60　素材和效果图对比（2）

第 6 章

抠图：掌握 Photoshop 的商品抠图技巧

抠图是一种常用的 PS 后期处理技术，通过精准的抠图处理，可以轻松打造专业级的电商图片效果。无论是电商美工设计还是广告设计，掌握了 Photoshop 的商品抠图技巧，都将为你的作品增添无限可能。

6.1 使用AI功能一键抠图

在电商美工设计中，掌握常用的 PS 抠图方法是至关重要的一步。无论是想要去掉背景、抠取商品，还是创建逼真的合成场景，熟悉并掌握 PS 抠图方法将为你轻松打开电商美工设计的"创作之门"。

本节将介绍一些 PS 的 AI 抠图方法，让你能够轻松实现商品抠图操作，并为你的电商美工作品带来更大的视觉冲击力。

6.1.1 使用"主体"命令抠图

使用 PS 的"主体"命令，可以快速识别出商品图片中的人物主体，从而完成抠图操作，具体操作方法如下。

扫码看教学视频

步骤 01 选择"文件"|"打开"命令，打开一张素材图片，如图 6-1 所示。

步骤 02 在菜单栏中选择"选择"|"主体"命令，如图 6-2 所示。

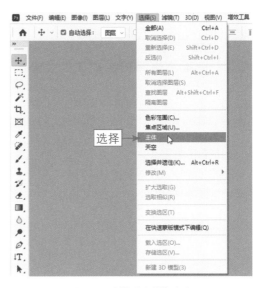

图 6-1　打开素材图片　　　　　　图 6-2　选择"主体"命令

★ 专 家 提 醒 ★

PS 的"主体"命令采用了先进的机器学习技术，经过学习训练后能够识别图像中的多种对象，包括人物、动物、车辆和玩具等。

步骤 03 执行操作后，即可自动选中图像中的人物主体，如图 6-3 所示。

步骤**04** 按【Ctrl+J】组合键复制一个新图层，并隐藏"背景"图层，即可抠出人物主体，效果如图6-4所示。

图6-3　选中图像中的人物主体

图6-4　抠出人物主体

6.1.2　使用"删除背景"功能抠图

对于轮廓比较清晰的商品主体，可以使用PS的"删除背景"功能快速进行抠图处理，具体操作方法如下。

扫码看教学视频

步骤**01** 选择"文件"|"打开"命令，打开一张素材图片，如图6-5所示。

步骤**02** 按【Ctrl+J】组合键复制一个新的"图层1"图层，选择"图层1"图层，如图6-6所示。

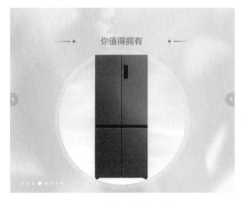

图6-5　打开素材图片

图6-6　选择"图层1"图层

步骤 03 在菜单栏中选择"窗口"|"属性"命令，展开"属性"面板，在"快速操作"选项区中单击"删除背景"按钮，如图6-7所示。

步骤 04 执行操作后，隐藏"背景"图层，即可抠出画面中的主体对象，效果如图6-8所示。

图6-7　单击"删除背景"按钮

图6-8　抠出画面中的主体对象

6.1.3　使用"移除背景"工具抠图

扫码看教学视频

Photoshop AI 版提供了一个便捷操作的浮动工具栏，其中就有一个非常实用的"移除背景"工具，可以帮助用户快速进行商品抠图处理，具体操作方法如下。

步骤 01 选择"文件"|"打开"命令，打开一张素材图片，如图6-9所示。

步骤 02 在图片下方的浮动工具栏中，单击"移除背景"按钮，如图6-10所示。

图6-9　打开素材图片

图6-10　单击"移除背景"按钮

99

步骤03 执行操作后，即可抠出主体图像，效果如图 6-11 所示。

步骤04 与此同时，PS 会自动创建一个图层蒙版，如图 6-12 所示。

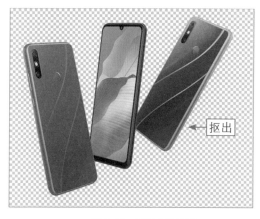

图 6-11　抠出主体图像

图 6-12　创建一个图层蒙版

6.1.4　使用"选择主体"功能抠图

"选择主体"功能与"主体"命令的作用类似，可以帮助用户快速在图像中的商品主体对象上创建一个选区，便于进行抠图处理，具体操作方法如下。

扫码看教学视频

步骤01 选择"文件"|"打开"命令，打开一张素材图片，如图 6-13 所示。

步骤02 在图片下方的浮动工具栏中，单击"选择主体"按钮，如图 6-14 所示。

图 6-13　打开素材图片

图 6-14　单击"选择主体"按钮

步骤03 执行操作后，即可在图像中的人物主体上创建一个选区，如图 6-15 所示。

步骤04 按【Ctrl+J】组合键复制一个新图层，并隐藏"背景"图层，即可抠出人物主体部分，效果如图6-16所示。

图 6-15　创建一个选区

图 6-16　抠出人物主体部分

6.1.5　使用"色彩范围"命令抠图

使用"色彩范围"命令可以快速创建选区进行商品抠图处理，其选取原理是以颜色作为依据，具体操作方法如下。

扫码看教学视频

步骤01 选择"文件"|"打开"命令，打开一张素材图片，如图6-17所示。

步骤02 选择"选择"|"色彩范围"命令，弹出"色彩范围"对话框，使用添加到取样工具 多次单击商品主体，如图6-18所示。

图 6-17　打开素材图片

图 6-18　多次单击商品主体

步骤 03 设置"颜色容差"为 5，缩小选取的范围，单击"确定"按钮，即可选中相应的商品主体，如图 6-19 所示。

步骤 04 按【Ctrl+J】组合键复制一个新图层，并隐藏"背景"图层，即可抠出商品主体，效果如图 6-20 所示。

图 6-19 选中商品主体

图 6-20 抠出商品主体

6.1.6 使用魔术橡皮擦工具抠图

扫码看教学视频

使用魔术橡皮擦工具 🐾 可以自动擦除当前图层中与选取颜色相近的像素，从而抠出商品主体，具体操作方法如下。

步骤 01 选择"文件"|"打开"命令，打开一张素材图片，如图 6-21 所示。

步骤 02 选取工具箱中的魔术橡皮擦工具 🐾，如图 6-22 所示。

图 6-21 打开素材图片

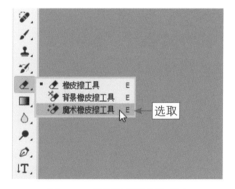

图 6-22 选取魔术橡皮擦工具

步骤 03 在图像背景上单击，即可擦除图像，效果如图 6-23 所示。

步骤 04 使用同样的操作方法，擦除多余的背景图像，即可抠出商品主体，效果如图 6-24 所示。

图 6-23　擦除图像效果　　　　　　　　　　　图 6-24　抠出商品主体

6.2　使用普通工具精准抠图

在电商美工师进行设计的过程中，由于商品拍摄时的取景问题，常常会使拍摄出来的商品图片内容过于复杂，如果直接使用容易降低商品的表现力，因此需要抠出主体部分单独使用。本节将介绍如何使用 Photoshop 中的普通工具进行精准的商品抠图处理。

6.2.1　使用魔棒工具抠图

魔棒工具 ✨ 的作用是在一定的容差（默认值为 32）范围内，将颜色相同的区域同时选中，建立选区以达到抠出商品图像的目的，具体操作方法如下。

扫码看教学视频

步骤 01　选择"文件"|"打开"命令，打开一张素材图片，如图 6-25 所示。

步骤 02　选取工具箱中的魔棒工具 ✨，移动鼠标指针至图像编辑窗口中，在白色背景上多次单击，即可选中背景区域，如图 6-26 所示。

图 6-25　打开素材图片　　　　　　　　　　　图 6-26　选中背景区域

103

步骤03 选择"选择"|"反选"命令，反选选区，如图 6-27 所示。

步骤04 按【Ctrl+J】组合键复制一个新图层，并隐藏"背景"图层，即可抠出商品主体，效果如图 6-28 所示。

图 6-27　反选选区

图 6-28　抠出商品主体

6.2.2　使用快速选择工具抠图

PS 中的快速选择工具 对于建立简单的选区是非常强大的，而且可通过调整边缘控制优化选区，从而快速完成商品抠图操作，具体操作方法如下。

扫码看教学视频

步骤01 选择"文件"|"打开"命令，打开一张素材图片，如图 6-29 所示。

步骤02 选取工具箱中的快速选择工具 ，在工具属性栏中设置画笔"大小"为 10 像素，在商品主体上拖动鼠标创建选区，如图 6-30 所示。

图 6-29　打开素材图片

图 6-30　创建选区

步骤03 继续在商品主体上拖动鼠标，直至选中商品主体的全部区域，如图 6-31 所示。

步骤04 按【Ctrl+J】组合键复制一个新图层，并隐藏"背景"图层，即可抠出商品主体，效果如图 6-32 所示。

图 6-31　选中商品主体的全部区域　　　　　　　图 6-32　抠出商品主体

6.2.3　使用多边形套索工具抠图

利用 Photoshop 的多边形套索工具 ，可以精准勾勒出商品主体的轮廓，轻松实现高质量的抠图效果，具体操作方法如下。

扫码看教学视频

步骤 01　选择"文件"|"打开"命令，打开一张素材图片，如图 6-33 所示。

步骤 02　选取工具箱中的多边形套索工具 ，移动鼠标指针至合适的位置单击，建立第 1 个点，移动鼠标指针，这时鼠标指针变为可编辑模式，在合适的位置单击，建立第 2 个点，如图 6-34 所示。

图 6-33　打开素材图片　　　　　　　　　　图 6-34　建立第 2 个点

步骤 03　重复该操作，至起始点后再次单击，即可创建一个多边形选区，如图 6-35 所示。

步骤04 按【Ctrl+J】组合键复制一个新图层，并隐藏"背景"图层，即可抠出商品主体，效果如图 6-36 所示。

图 6-35　创建多边形选区

图 6-36　抠出商品主体

6.2.4　使用磁性套索工具抠图

磁性套索工具 具有类似磁铁磁性的特点，在操作时画面上方会出现自动跟踪的线，这条线总是会走向一种颜色与另一种颜色的边界处。边界越明显，磁性套索工具 的磁力就越强，通过连接使用该工具所选区域的首尾，即可完成选区的创建。下面介绍使用磁性套索工具 进行商品抠图的具体操作方法。

扫码看教学视频

步骤01 选择"文件"|"打开"命令，打开一张素材图片，如图 6-37 所示。

步骤02 选取工具箱中的磁性套索工具 ，在商品主体边缘的合适位置单击，并移动鼠标对需要抠图的图像进行框选，鼠标指针经过的地方会生成一条线，如图 6-38 所示。

图 6-37　打开素材图片

图 6-38　生成一条线

步骤03 选取需要抠图的部分，在开始点处单击，即可建立选区，如图 6-39 所示。

步骤04 按【Ctrl+J】组合键，复制选区内的图像，建立一个新图层，并隐藏"背景"图层，即可抠出商品主体，效果如图 6-40 所示。

图 6-39　建立选区

图 6-40　抠出商品主体

6.2.5　使用钢笔工具抠图

扫码看教学视频

使用钢笔工具 可以轻松绘制平滑、清晰的路径，并通过调整曲线和锚点，实现更精准的商品抠图效果，具体操作方法如下。

步骤01 选择"文件"|"打开"命令，打开一张素材图片，如图 6-41 所示。

步骤02 选取工具箱中的钢笔工具 ，将鼠标指针移至图像编辑窗口中的合适位置，单击，绘制路径的第 1 个点，如图 6-42 所示。

图 6-41　打开素材图片

图 6-42　绘制路径的第 1 个点

步骤03 将鼠标指针移至另一个位置单击，绘制路径的第 2 个点，如图 6-43 所示。

步骤 04 使用同样的操作方法，在图像中的相应位置依次单击，绘制一条闭合路径，效果如图 6-44 所示。

图 6-43　绘制路径的第 2 个点　　　　　　　　图 6-44　绘制一条闭合路径

步骤 05 按【Ctrl+Enter】组合键，将路径转换为选区，如图 6-45 所示。

步骤 06 按【Ctrl+J】组合键，复制选区内的图像，建立一个新图层，并隐藏"背景"图层，即可抠出商品主体，效果如图 6-46 所示。

图 6-45　将路径转换为选区　　　　　　　　图 6-46　抠出商品主体

6.2.6　使用矩形选框工具抠图

扫码看教学视频

Photoshop 中的矩形选框工具 可用于创建矩形或正方形的选区，然后可以在选区内进行编辑、填充或应用其他效果，同时还可以抠出矩形图像，具体操作方法如下。

步骤 01 选择"文件"|"打开"命令，打开一张素材图片，如图 6-47 所示。

步骤02 选择"图层 1"图层，选取工具箱中的矩形选框工具 □ ，在图像上按住鼠标左键拖曳，创建一个矩形选区，如图 6-48 所示。

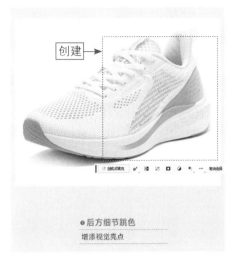

图 6-47　打开素材图片

图 6-48　创建矩形选区

步骤03 按【Ctrl+J】组合键，复制选区内的图像，建立一个新图层，并隐藏"图层 1"图层，即可抠出选区中的图像，效果如图 6-49 所示。

步骤04 按【Ctrl+T】组合键调出变换控制框，适当调整图像的大小和位置并确认，效果如图 6-50 所示。

图 6-49　抠出选区中的图像

图 6-50　调整图像的大小和位置

本章小结

本章主要向读者介绍了 Photoshop 中的抠图命令、功能和工具，包括"主体"命令、"删除背景"功能、"移除背景"工具、"选择主体"功能、"色彩范围"命令、魔术橡皮擦工具 、魔棒工具 、快速选择工具 、多边形套索工具 、磁性套索工具 、钢笔工具 、矩形选框工具 。希望读者通过对本章的学习，能够更好地掌握使用 Photoshop 进行商品抠图的技巧。

课后习题

鉴于本章知识的重要性，为了帮助读者更好地掌握所学知识，本节将通过课后习题，帮助读者进行简单的知识回顾和补充。

1. 使用 Photoshop 抠出下图中的无人机，素材和效果图对比如图 6-51 所示。

图 6-51　素材和效果图对比（1）

2. 使用 Photoshop 抠出下图中的相机，素材和效果图对比如图 6-52 所示。

图 6-52　素材和效果图对比（2）

第 7 章
修图：瑕疵修复 + 颜色调整 + 文字设计

　　Photoshop 广泛应用于电商美工设计领域，无论是瑕疵修复、精确的颜色调整还是精美的文字设计，Photoshop 都能满足用户的需求。Photoshop 具有强大的修图功能，对于用户拍摄的商品原图，或者通过 AI 工具生成的电商图片，Photoshop 都能对其进行优化处理，提升图片的精美度。

7.1 修复商品图像中的瑕疵

修补商品图像的瑕疵，以及调整图片的局部，可以让图片效果更加出色，细节更加完美。本节主要介绍使用 Photoshop 修复商品图像瑕疵的相关技巧。

7.1.1 使用污点修复画笔工具修复商品图像

扫码看教学视频

商品图像中经常会出现一些多余的人物或妨碍画面美感的物体，通过一些简单的 PS 操作即可去除这些多余的杂物，如污点修复画笔工具 、移除工具 等。下面介绍使用污点修复画笔工具 修复商品图像的操作方法。

步骤01 选择"文件"｜"打开"命令，打开一张素材图片，如图 7-1 所示。

步骤02 选取工具箱中的污点修复画笔工具 ，在工具属性栏中单击"近似匹配"按钮，如图 7-2 所示。

图 7-1　打开素材图片

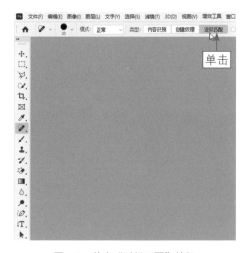

图 7-2　单击"近似匹配"按钮

★ 专家提醒 ★

在污点修复画笔工具的属性栏中，各主要选项的含义如下。

（1）模式：在该下拉列表框中可以设置修复图像与目标图像之间的混合方式。

（2）内容识别：在修复图像时，将根据图像内容识别像素并自动填充。

（3）创建纹理：在修复图像时，将根据当前图像周围的纹理自动创建一个相似的纹理，从而在修复瑕疵的同时保证不改变原图像的纹理。

（4）近似匹配：在修复图像时，将根据当前图像周围的像素来修复瑕疵。

步骤 **03** 将鼠标指针移至图像编辑窗口中，在相应的杂物上按住鼠标拖曳，涂抹的区域呈黑色显示，如图 7-3 所示。

步骤 **04** 释放鼠标左键，即可去除涂抹部分的杂物，效果如图 7-4 所示。

图 7-3　涂抹的区域呈黑色显示　　　　　　　图 7-4　去除杂物效果

7.1.2　使用仿制图章工具复制图像内容

扫码看教学视频

使用仿制图章工具 ▲ 可以从图像中选择样本区域，并将其复制到其他区域，从而完善商品图片，具体操作方法如下。

步骤 **01** 选择"文件"|"打开"命令，打开一张素材图片，如图 7-5 所示。

步骤 **02** 选取工具箱中的仿制图章工具 ▲，如图 7-6 所示。

图 7-5　打开素材图片　　　　　　　图 7-6　选取仿制图章工具

步骤 **03** 移动鼠标指针至图像编辑窗口中的合适位置，按住【Alt】键的同时单击鼠标左键进行取样，如图 7-7 所示。

步骤04 释放【Alt】键，在合适位置按住鼠标左键拖曳进行涂抹，即可将取样点的图像复制到涂抹的位置上，效果如图7-8所示。

图7-7　进行取样

图7-8　复制图像效果

7.1.3　使用修补工具修补商品图像

扫码看教学视频

修补工具可以通过克隆、修补、填充或采样等技术，实现修复商品图像的目的，让画面看起来更加完美无瑕，具体操作方法如下。

步骤01 选择"文件"｜"打开"命令，打开一张素材图片，如图7-9所示。

步骤02 选取工具箱中的修补工具，在需要修补的位置按住鼠标左键拖曳，创建一个选区，如图7-10所示。

图7-9　打开素材图片

图7-10　创建一个选区

步骤03 按住鼠标左键拖曳选区至图像颜色相近的位置，如图7-11所示。

步骤 04 释放鼠标左键，即可完成修补操作，按【Ctrl+D】组合键取消选区，效果如图 7-12 所示。

图 7-11 拖曳选区

图 7-12 完成修补操作

7.1.4 使用锐化工具调整商品图像的清晰度

锐化工具 △ 用于增强图像的清晰度和细节，它通过增强图像边缘的对比度，使图像中的细节更加明显和清晰。锐化工具 △ 可以帮助改善模糊或不够清晰的商品图像，使其看起来更加鲜明和有吸引力，具体操作方法如下。

扫码看教学视频

步骤 01 选择"文件"|"打开"命令，打开一张素材图片，如图 7-13 所示。

步骤 02 选取工具箱中的锐化工具 △ ，如图 7-14 所示。

图 7-13 打开素材图片

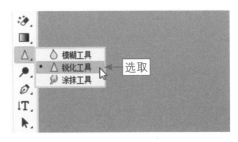

图 7-14 选取锐化工具

步骤 03 将鼠标指针移至主体图像上，按住鼠标左键拖曳进行涂抹，即可锐化主体图像，效果如图 7-15 所示。

图 7-15　锐化图像效果

7.1.5　对倾斜的商品图像进行画面校正

Photoshop 中的"镜头校正"滤镜可以用于对失真或倾斜的商品
图像进行校正，还可以调整扭曲、色差、晕影和变换等参数，使图像
恢复至正常状态。下面介绍使用 Photoshop 校正倾斜的商品图像的操作方法。

扫码看教学视频

步骤01 选择"文件"|"打开"命令，打开一张素材图片，如图 7-16 所示。

步骤02 选择"背景"图层，在菜单栏中选择"滤镜"|"镜头校正"命令，
弹出"镜头校正"对话框，单击"自定"标签，如图 7-17 所示。

图 7-16　打开素材图片

图 7-17　单击"自定"标签

步骤 03 切换至"自定"选项卡，在"变换"选项区中设置"角度"为10°，如图 7-18 所示，即可顺时针旋转背景图像。

步骤 04 单击"确定"按钮，即可校正倾斜的背景图像，效果如图 7-19 所示。

图 7-18　设置"角度"选项

图 7-19　校正图像效果

★ 专家提醒 ★

Photoshop 中的"镜头校正"滤镜可以根据图像中的线条和几何结构，自动调整图像的透视和扭曲，使其更加直立和符合真实视角。"镜头校正"滤镜可以修复广角镜头造成的弯曲效果，减少图像中的畸变，并纠正因透视导致的垂直和水平线条的变形，使图像效果更加真实、平衡和准确。

7.2　调整颜色美化商品图像

在拍摄商品的过程中，由于受光线、技术和拍摄设备的影响，拍摄出来的商品图片往往会有一些不足之处。为了把商品最好的一面展现给消费者，使用Photoshop 给商品图像进行颜色调整和美化处理就显得尤为重要了。

7.2.1　使用"亮度 / 对比度"命令调整商品图像的明暗

使用"亮度 / 对比度"命令可以对商品图像的色彩明度进行简单的调整。不过，"亮度 / 对比度"命令对单个通道不起作用，该调整

扫码看教学视频

117

方法不适用于高精度输出。下面介绍使用"亮度/对比度"命令调整商品图像明暗的操作方法。

步骤01 选择"文件"|"打开"命令，打开一张素材图片，如图 7-20 所示。

步骤02 选择菜单栏中的"图像"|"调整"|"亮度/对比度"命令，弹出"亮度/对比度"对话框，设置"亮度"为 20、"对比度"为 10，如图 7-21 所示，适当增强画面的亮度和对比度。

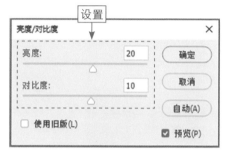

图 7-20　打开素材图片　　　　　　　　　　　　图 7-21　设置相应选项

步骤03 单击"确定"按钮，即可调整图像的色彩明度，效果如图 7-22 所示。

图 7-22　最终效果

7.2.2　使用"曲线"命令调整商品图像的色调

"曲线"命令是一个功能强大的图像色调校正命令，该命令可以在图像的整个色调范围内调整不同的色调，还可以对图像中的个别颜色通道进行精确的调整。

扫码看教学视频

"曲线"命令可以通过调节曲线的方式，对图像的亮调、中间调和暗调进行适当调整，且只对某一范围的图像色调进行调整。下面介绍使用"曲线"命令调整商品图像色调的操作方法。

步骤01 选择"文件"|"打开"命令，打开一张素材图片，如图7-23所示。

步骤02 选择"图层1"图层，在菜单栏中选择"图像"|"调整"|"曲线"命令，弹出"曲线"对话框，添加一个曲线控制点，并设置"输出"为60、"输入"为80，如图7-24所示，降低阴影部分的色彩明度。

图7-23 打开素材图片

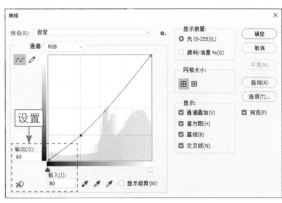

图7-24 设置相应的选项（1）

步骤03 在"曲线"对话框中，再添加一个曲线控制点，在下方设置"输出"为190、"输入"为180，如图7-25所示，稍微提升高光部分的色彩明度。

步骤04 单击"确定"按钮，即可调整图像色调，效果如图7-26所示。

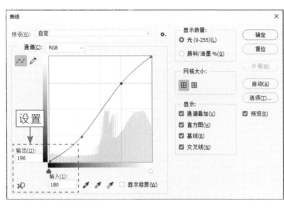

图7-25 设置相应的选项（2）

图7-26 最终效果

7.2.3 使用"曝光度"命令调整商品图像的曝光度

曝光是指被摄物体发出或反射的光线，通过相机镜头投射到感光器上，使之发生化学变化而显影的过程。

扫码看教学视频

一张图片的好坏，说到底就是影调分布是否足够体现光线的美感，以及曝光是否表现得恰到好处。在 Photoshop 中，用户可以通过"曝光度"命令来调整商品图像的曝光度，使画面曝光达到正常，具体操作方法如下。

步骤01 选择"文件"|"打开"命令，打开一张素材图片，如图 7-27 所示。

步骤02 在菜单栏中选择"图像"|"调整"|"曝光度"命令，如图 7-28 所示。

图 7-27　打开素材图片

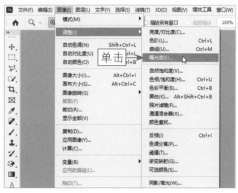

图 7-28　单击"曝光度"命令

步骤03 执行操作后，弹出"曝光度"对话框，设置"曝光度"为 2，如图 7-29 所示。"曝光度"的默认参数值为 0，往左调为降低亮度，往右调为提高亮度。

步骤04 单击"确定"按钮，即可提高画面的曝光度，让画面色彩变得更加明亮，效果如图 7-30 所示。

图 7-29　设置"曝光度"选项

图 7-30　最终效果

7.2.4　使用"自然饱和度"命令调整商品图像的饱和度

饱和度（Chroma，简写为 C）又称为彩度，是指颜色的强度或

扫码看教学视频

纯度，它表示色相中颜色本身色素所占的比例，使用从 0 ～ 100% 的百分比来度量。在标准色轮中，饱和度从中心到边缘逐渐递增。颜色的饱和度越高，其鲜艳程度也就越高；反之，颜色会显得陈旧或混浊。在 Photoshop 中，使用"自然饱和度"命令可以快速调整商品图像的色彩饱和度，具体操作方法如下。

步骤01 选择"文件"|"打开"命令，打开一张素材图片，如图 7-31 所示。

步骤02 选择"背景"图层，在菜单栏中选择"图像"|"调整"|"自然饱和度"命令，弹出"自然饱和度"对话框，设置"自然饱和度"为 30、"饱和度"为 50，如图 7-32 所示，大幅提升画面的色彩浓度。

图 7-31　打开素材图片

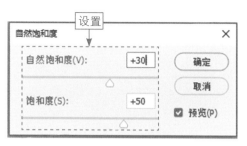

图 7-32　设置相应的选项

步骤03 单击"确定"按钮，即可增强背景图像的整体色彩饱和度，让各种颜色都变得更加鲜艳，效果如图 7-33 所示。

图 7-33　最终效果

7.2.5 使用"色相/饱和度"命令调整商品图像的色调

每种颜色的固有颜色表相叫作色相（Hue，简写为 H），它是一种颜色区别于另一种颜色的最显著的特征。在 Photoshop 中，使用"色相/饱和度"命令可以调整商品图像的色相、饱和度和明度，从而改变画面的整体色调，具体操作方法如下。

步骤01 选择"文件"|"打开"命令，打开一张素材图片，如图 7-34 所示。

步骤02 选择"图像"|"调整"|"色相/饱和度"命令，如图 7-35 所示。

图 7-34　打开素材图片

图 7-35　选择"色相/饱和度"命令

步骤03 执行操作后，即可弹出"色相/饱和度"对话框，设置"色相"为 20、"饱和度"为 18，如图 7-36 所示，让色相偏蓝色，并稍微增强饱和度。

步骤04 单击"确定"按钮，即可调整图像的色相，让玫红色的花朵变成大红色，效果如图 7-37 所示。

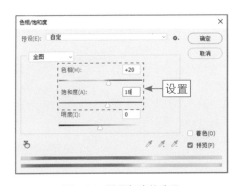

图 7-36　设置相应的选项

图 7-37　最终效果

7.2.6　使用"色彩平衡"命令调整商品图像的色调

扫码看教学视频

Photoshop 中的"色彩平衡"命令会通过增加或减少处于高光、中间调以及阴影区域中的特定颜色，使画面呈现出某种色调风格，具体操作方法如下。

步骤01　选择"文件"|"打开"命令，打开一张素材图片，如图 7-38 所示。

步骤02　在菜单栏中选择"图像"|"调整"|"色彩平衡"命令，弹出"色彩平衡"对话框，设置"色阶"参数值分别为 80、5、−59，如图 7-39 所示，增强画面中的红色、绿色和黄色，让画面更偏暖色调。

图 7-38　打开素材图片　　　　　　　图 7-39　设置"色阶"选项

步骤03　单击"确定"按钮，即可调整图像的色调，效果如图 7-40 所示。

图 7-40　最终效果

7.3 应用商品文字设计工具

不管是网店装修设计还是商品广告图片制作，文字的使用都是非常频繁的。应用 Photoshop 中的各种文字工具，对文字进行编排与设计，不仅能够更有效地表现电商活动主题，还可以对商品图像起到美化作用，从而使文字体现其引导价值，增强电商图像的视觉效果。

7.3.1　认识 Photoshop 中的文字类型

对文字进行艺术化处理是 Photoshop 的强项之一。Photoshop 中的文字是以数学方式定义的形状组成的，在将文字栅格化之前，Photoshop 会保留基于矢量的文字轮廓，可以任意缩放文字或调整其大小而不会产生锯齿。

Photoshop 提供了 3 种文字类型，主要包括横排文字、直排文字和段落文字，如图 7-41 所示，这 3 种文字类型的相关介绍如下。

图 7-41　Photoshop 的 3 种文字类型

（1）横排文字：这是最常见的文字类型，文字以水平方向排列。

（2）直排文字：与横排文字不同，直排文字是在垂直方向排列的，其中字符按照从上到下、从右到左的顺序排列。

（3）段落文字：段落文字允许用户创建具有多行文本的区块，它可以自动换行并填充指定的区域。当用户需要在一段较长的文本中进行编辑或格式化时，段落文字非常有用。用户可以在段落文字模式下创建文本框，然后将文字填充到文本框中，并进行相关的编辑和排版操作。

7.3.2　认识 Photoshop 的文字工具属性栏

在输入文字之前，需要在工具属性栏或"字符"面板中设置字符的属性，包括字体、字体大小以及文本颜色等。选取工具箱中的横排文字工具 **T**，其工具属性栏如图 7-42 所示。

图 7-42　横排文字工具属性栏

横排文字工具属性栏中各主要选项的含义如下。

（1）更改文本方向 **⟋T**：如果当前文字为横排文字，单击该按钮，可将其转换为直排文字，如图 7-43 所示；如果当前文字为直排文字，可将其转换为横排文字。

图 7-43　将横排文字转换为直排文字

（2）搜索和选择字体 宋体：在该下拉列表框中，用户可以根据需要搜索和选择不同的字体。

（3）设置字体大小 **⟋T** 12点：可以选择字体的大小，或者直接输入数值来进行调整。

（4）设置消除锯齿的方法 锐利：可以为文字消除锯齿选择一种方法，Photoshop 会通过部分填充边缘像素来产生边缘平滑的文字效果，使文字的边缘混合到背景中而看不出锯齿。

（5）设置文本对齐方式：根据输入文字时光标的位置来设置文本的对齐方式，包括左对齐文本▤、居中对齐文本▤和右对齐文本▤。

（6）设置文本颜色▆：单击颜色块，可以在弹出的"拾色器（文本颜色）"对话框中设置文字的颜色。

（7）创建文字变形 ₤：单击该按钮，可以在打开的"变形文字"对话框中为文本添加变形样式，创建变形文字效果。

（8）切换字符和段落面板▤：单击该按钮，可以切换显示"字符"面板和"段落"面板。

7.3.3 使用横排文字工具输入商品文字

输入横排文字的方法很简单，使用工具箱中的横排文字工具 **T** 即可在商品图像中输入横排文字，具体操作方法如下。

步骤01 选择"文件"|"打开"命令，打开一张素材图片，如图 7-44 所示。

步骤02 选取工具箱中的横排文字工具 **T**，如图 7-45 所示。

图 7-44　打开素材图片

图 7-45　选取横排文字工具

步骤03 将鼠标指针移至适当的位置，在图像上单击，确定文字的插入点，在工具属性栏中设置"字体"为"宋体"、"字体大小"为 12 点、"颜色"为白色（RGB 参数值均为 255），如图 7-46 所示。

步骤04 在图像上输入相应的文字，单击工具属性栏右侧的"提交"按钮 ✔，即可完成横排文字的输入操作，选取工具箱中的移动工具 ✛，适当调整文字的位置，效果如图 7-47 所示。

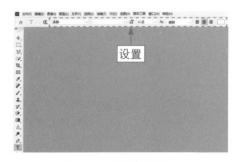

图 7-46　设置字符属性

图 7-47　最终效果

7.3.4 使用直排文字工具输入商品文字

直排文字是一个垂直的文本行，每行文本的长度随着文字的输入而不断增加，但是不会自动换行。下面介绍使用直排文字工具↓T输入商品文字的操作方法。

扫码看教学视频

步骤 01 选择"文件"|"打开"命令，打开一张素材图片，如图7-48所示。

步骤 02 选取工具箱中的直排文字工具↓T，如图7-49所示。

图7-48 打开素材图片

图7-49 选取直排文字工具

步骤 03 将鼠标指针移至适当的位置，在图像上单击，确定文字的插入点，在浮动工具栏中，设置"字体"为"宋体"、"字体大小"为14点、"颜色"为橙红色（RGB参数值分别为255、66、0），如图7-50所示。

步骤 04 在图像上输入相应的文字，按【Ctrl+Enter】组合键确认，即可完成直排文字的输入操作，然后适当调整文字的位置，效果如图7-51所示。

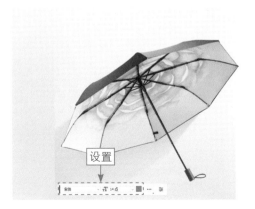

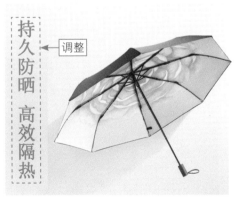

图7-50 设置字符属性

图7-51 最终效果

7.3.5　使用钢笔工具制作路径文字效果

在许多商品图像中，设计的文字效果呈现出连绵起伏的状态，这就是路径绕排文字的功劳。

沿路径绕排文字时，可以先使用钢笔工具 ⌀ 创建直线或曲线路径，再进行文字的输入，具体操作方法如下。

步骤 01 选择"文件"|"打开"命令，打开一张素材图片，如图 7-52 所示。

步骤 02 选取工具箱中的钢笔工具 ⌀，在图像编辑窗口中创建一条曲线路径，如图 7-53 所示。

图 7-52　打开素材图片

图 7-53　创建曲线路径

步骤 03 选取工具箱中的横排文字工具 **T**，移动鼠标指针至曲线路径上，单击鼠标左键确定插入点，在浮动工具栏中设置"字体"为"隶书"、"字体大小"为 6 点、"颜色"为暗红色（RGB 参数值分别为 160、66、50），如图 7-54 所示。

步骤 04 输入相应的文字，按【Ctrl+Enter】组合键确认，并隐藏路径（在"路径"面板中单击空白处即可），效果如图 7-55 所示。

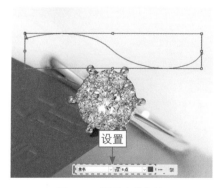

图 7-54　设置字符属性

图 7-55　最终效果

本章小结

本章主要向读者介绍了使用 PS 修图的相关方法，具体内容包括修复商品图像中的瑕疵、调整颜色美化商品图像、应用商品文字设计工具等。希望读者通过对本章的学习，能够更好地掌握电商美工必需的 PS 修图技巧。

课后习题

鉴于本章知识的重要性，为了帮助读者更好地掌握所学知识，本节将通过课后习题，帮助读者进行简单的知识回顾和补充。

1. 使用 Photoshop 修复图像中的瑕疵，素材和效果图对比如图 7-56 所示。

图 7-56　素材和效果图对比（1）

2. 使用 Photoshop 增强图像的色彩，素材和效果图对比如图 7-57 所示。

图 7-57　素材和效果图对比（2）

第 8 章
场景：合成商品图片与商业广告效果

在电商时代，商品图片是吸引顾客和促进销售的重要手段，因此许多企业或商家开始采用合成图片这种场景营销方式来实现高质量的广告宣传。通过提供更真实、更美观、更有创意的图片场景合成效果，能够更好地满足消费者的购物需求，同时也在提升商品销量方面起到了非常关键的作用。本章主要介绍通过热门 AI 绘画工具合成各种商品图片与商业广告效果的操作方法。

8.1 工具1：用Photoshop AI版合成商品图片

Photoshop AI 版提供了高效、轻松的场景合成方法，来实现商品图片的合成处理，大大提高营销和宣传效果。本章将通过一些相关的案例来介绍使用 Photoshop AI 版合成商品图片的操作方法。

8.1.1 女包商品主图的合成处理

商品主图是店铺美工设计的"点睛之笔"，商品主图如果设计得漂亮，通常能够吸引到不少流量。下面介绍女包商品主图的合成处理方法。

扫码看教学视频

步骤 01 选择"文件"|"新建"命令，弹出"新建文档"对话框，设置"宽度"和"高度"均为 600 像素、"分辨率"为 300 像素 / 英寸、"颜色模式"为 "RGB 颜色"、"背景内容"为"白色"，如图 8-1 所示。

步骤 02 单击"创建"按钮，新建一个方形的空白图像，如图 8-2 所示。

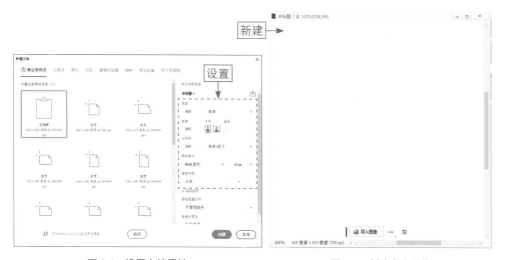

图 8-1 设置文档属性　　　　图 8-2 新建空白图像

★ 专家提醒 ★

分辨率是指图像中包含的像素数量，它决定了图像的清晰度和细节的精细程度。图像分辨率通常以水平像素数（即宽度）和垂直像素数（即高度）来表示，如 1024 像素 × 768 像素或 1920 像素 × 1080 像素。

步骤03 选择"选择"|"全部"命令，选中全部图像区域，单击浮动工具栏中的"创成式填充"按钮，如图8-3所示。

步骤04 执行操作后，在浮动工具栏中输入关键词 gradient red background（渐变红色背景），如图8-4所示。

图8-3　单击"创成式填充"按钮

图8-4　输入相应的关键词（1）

步骤05 单击"生成"按钮，即可生成渐变的红色背景，效果如图8-5所示。

步骤06 选取工具箱中的矩形选框工具[]，创建一个大小合适的矩形选区，单击浮动工具栏中的"创成式填充"按钮，输入关键词 a bright red shoe box（一个鲜红色的鞋盒），如图8-6所示。

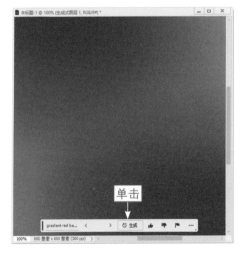

图8-5　生成渐变的红色背景

图8-6　输入相应的关键词（2）

步骤07 单击"生成"按钮，即可生成鞋盒图像，效果如图 8-7 所示。

步骤08 打开一张素材图片，运用移动工具 ✛ 将其拖曳至背景图像编辑窗口中，在浮动工具栏中单击"移除背景"按钮，如图 8-8 所示。

图 8-7 生成鞋盒图像　　　　　　　　　图 8-8 单击"移除背景"按钮

步骤09 执行操作后，即可抠出商品图像，效果如图 8-9 所示。

步骤10 按【Ctrl+T】组合键，调出自由变换控制框，适当调整商品图像的大小和位置，并按【Enter】键确认，效果如图 8-10 所示。

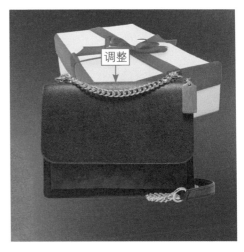

图 8-9 抠出商品图像　　　　　　　　　图 8-10 最终效果

8.1.2　数码广告图片的合成处理

数码广告图片的合成处理是指将多个商品元素或图像素材组合在一起，以创建能够有效传达商品信息的广告图像。下面介绍数码广告图片的合成处理方法。

步骤01 选择"文件"|"打开"命令，打开一张素材图片，如图 8-11 所示。

步骤02 在菜单栏中选择"图像"|"画布大小"命令，弹出"画布大小"对话框，设置"宽度"为 1920 像素、"高度"为 1080 像素，如图 8-12 所示。

图 8-11　打开素材图片

图 8-12　设置相应的选项

步骤03 单击"确定"按钮，即可扩展图像画布，效果如图 8-13 所示。

步骤04 运用魔棒工具 在图像背景中创建选区，效果如图 8-14 所示。

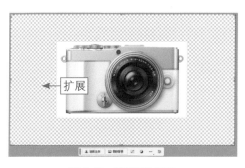

图 8-13　扩展图像画布

图 8-14　创建选区

步骤05 在浮动工具栏中单击"创成式填充"按钮，输入关键词 the background is snow capped mountains and the sky（背景为雪山和天空），如图 8-15 所示。

步骤06 单击"生成"按钮，即可生成相应的背景图像，效果如图 8-16 所示。

步骤07 在"图层"面板中，将"图层 1"图层拖曳至"创建新图层"按钮 上，如图 8-17 所示。

图 8-15 输入相应的关键词

图 8-16 生成背景图像

步骤08 执行操作后，即可复制"图层 1"图层，得到"图层 1 拷贝"图层。将该图层移动至"图层"面板顶部，如图 8-18 所示，单击"删除背景"按钮，删除图像背景。

图 8-17 拖曳"图层 1"图层

图 8-18 移动图层顺序

步骤09 按【Ctrl+T】组合键，调出自由变换控制框，在图像上单击鼠标右键，在弹出的快捷菜单中选择"垂直翻转"命令，如图 8-19 所示。

步骤10 执行操作后，即可垂直翻转复制的图像，然后适当调整其位置，效果如图 8-20 所示。

图 8-19 选择"垂直翻转"命令

图 8-20 垂直翻转图像

步骤11 在"图层"面板中，设置"图层 1 拷贝"图层的"不透明度"为60%，改变图像的不透明度，效果如图 8-21 所示。

步骤12 打开广告文字素材，运用移动工具 ✛ 将其拖曳至背景图像编辑窗口中的合适位置，效果如图 8-22 所示。

图 8-21　改变图像不透明度的效果　　　　　图 8-22　最终效果

8.1.3　家居店铺海报的合成处理

好的店铺海报决定了网店在消费者心目中的形象，是决定点击率的核心因素，也在一定程度上决定了店铺中的商品销量，因此海报制作是店铺美工设计重要的一项工作。下面介绍家居店铺海报的合成处理方法。

扫码看教学视频

步骤01 选择"文件"|"打开"命令，打开一张素材图片，如图 8-23 所示。

步骤02 运用套索工具 ♀ 在墙壁上的瑕疵处创建一个选区，如图 8-24 所示。

图 8-23　打开素材图片　　　　　　图 8-24　创建一个选区

步骤03 在浮动工具栏中依次单击"创成式填充"按钮和"生成"按钮，如图 8-25 所示，修复图片瑕疵。

步骤04 运用矩形选框工具 ▭ 在沙发上创建一个矩形选区，如图 8-26 所示。

图 8-25　单击"生成"按钮　　　　　　　　图 8-26　创建矩形选区（1）

步骤05 在浮动工具栏中单击"创成式填充"按钮，输入关键词 pillow（抱枕），如图 8-27 所示。

步骤06 单击"生成"按钮，即可生成相应的抱枕图像，效果如图 8-28 所示。

图 8-27　输入相应的关键词（1）　　　　　图 8-28　生成抱枕图像效果

步骤07 运用矩形选框工具在地毯上创建一个矩形选区，如图 8-29 所示。

步骤08 在浮动工具栏中单击"创成式填充"按钮，输入关键词 puppy（小狗），如图 8-30 所示。

图 8-29　创建矩形选区（2）　　　　　　　图 8-30　输入相应的关键词（2）

步骤09 单击"生成"按钮，即可生成相应的小狗图像，效果如图 8-31 所示。

步骤10 打开广告文字素材，运用移动工具➕将其拖曳至背景图像编辑窗口中的合适位置，效果如图 8-32 所示。

图 8-31　生成小狗图像　　　　　　　图 8-32　最终效果

8.1.4　卫衣模特展示图的合成处理

扫码看教学视频

模特展示图是用于展示服装、化妆品、珠宝、箱包、配饰等产品的模特摄影作品，通过模特的形象和气质塑造特定的品牌风格，提升品牌的知名度和美誉度。模特展示图通过搭配不同的服装、配饰和化妆品等产品，为消费者提供搭配指导和灵感，帮助消费者更好地选择和搭配产品。下面介绍使用 Midjourney+Photoshop AI 版合成模特展示图的操作方法。

步骤01 在 Midjourney 中通过 imagine 指令输入相应的关键词，生成 AI 模特图片，并放大其中一张图片，效果如图 8-33 所示。

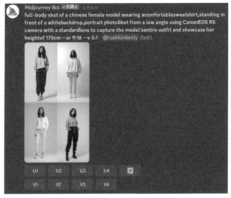

图 8-33　生成模特图片

步骤02 生成自己想要的模特后，将其保存到本地，使用 PS 打开保存的模特图片，如图 8-34 所示。

步骤03 选择"文件"|"打开"命令，打开一张衣服素材图片，单击"选择主体"按钮，如图 8-35 所示。

图 8-34　打开模特图片

图 8-35　单击"选择主体"按钮

步骤04 执行操作后，即可选中衣服图像，按【Ctrl+C】组合键，复制选区中的图像，如图 8-36 所示。

步骤05 切换至模特图像编辑窗口中，按【Ctrl+V】组合键，粘贴衣服图像，如图 8-37 所示。

图 8-36　复制选区中的图像

图 8-37　粘贴衣服图像

步骤 **06** 按【Ctrl+T】组合键，调出自由变换控制框，适当调整衣服图像的大小和位置，稍微覆盖住模特本身的衣服即可，并按【Enter】键确认，效果如图 8-38 所示。

步骤 **07** 在菜单栏中选择"文件"|"导出"|"快速导出为 PNG"命令，如图 8-39 所示，将合成后的图像导出为 PNG 格式并保存。

图 8-38　调整衣服图像的大小和位置

图 8-39　单击"快速导出为 PNG"命令

步骤 **08** 将 PS 合成的图片导出到本地后，回到 Midjourney 中，单击输入框左侧的⊕按钮，在弹出的列表中选择"上传文件"选项，如图 8-40 所示。

步骤 **09** 执行操作后，弹出"打开"对话框，选择前面用 Photoshop 合成的模特图片，如图 8-41 所示。

图 8-40　选择"上传文件"选项

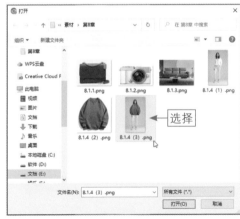

图 8-41　选择合成的模特图片

步骤 10 单击"打开"按钮，并按【Enter】键确认，即可将图片上传到 Midjourney 的服务器中，如图 8-42 所示。

步骤 11 单击图片打开预览图，在预览图上单击鼠标右键，在弹出的快捷菜单中选择"复制图片地址"命令，如图 8-43 所示。

图 8-42 将图片上传到服务器中

图 8-43 选择"复制图片地址"命令

步骤 12 通过 imagine 指令输入复制的图片链接和生成该模特时使用的关键词，并在后面添加 --iw 2 指令，按【Enter】键确认，即可生成相应的模特展示图，效果如图 8-44 所示。

步骤 13 单击 U1 按钮，放大第 1 张图片，效果如图 8-45 所示。

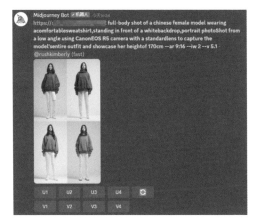

图 8-44 生成相应的模特展示图

图 8-45 放大第 1 张图片

8.2 工具2：用Adobe Firefly合成商业广告效果

Adobe Firefly 不仅是一款强大的 AI 绘画工具，它也能够快速地编辑和合成各种商业广告效果。通过使用 Adobe Firefly，我们可以轻松实现无缝合成多种类型的图像，创造逼真的商业营销场景。本章将通过一些相关的案例来介绍使用 Adobe Firefly 合成商业广告效果的操作方法。

8.2.1 汽车广告效果的合成处理

扫码看教学视频

对于汽车广告设计，精心的合成处理是非常关键的，通过使用 Firefly 可以轻松融合汽车和吸引人的背景，制作出令人印象深刻的广告效果。下面介绍汽车广告效果的合成处理方法。

步骤 01 进入 Adobe Firefly（Beta）主页，在 Text to image 选项区中单击 Generate 按钮，进入 Text to image 页面，输入相应的关键词，并单击 Generate 按钮，如图 8-46 所示。

图 8-46　单击 Generate 按钮

★ 专家提醒 ★

需要注意的是，Adobe Firefly 的 Text to image 功能是无法在图中直接生成或添加文字的，因此本节制作的商业效果图片都是广告背景素材，用户需要在后期通过 PS 去添加文字效果。

步骤 **02** 执行操作后，即可生成 4 张汽车广告效果图，如图 8-47 所示。

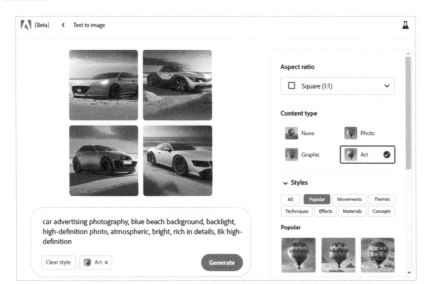

图 8-47　生成 4 张汽车广告效果图

步骤 **03** 设置 Aspect ratio 为 Widescreen（宽屏，纵横比为 16：9）、Content type 为 Graphic、Styles 为 Digital art（数字艺术）、Color and tone 为 Vibrant color、Lighting 为 Backlighting（背光），如图 8-48 所示，单击 Generate 按钮重新生成图片，改变图片的尺寸和风格。

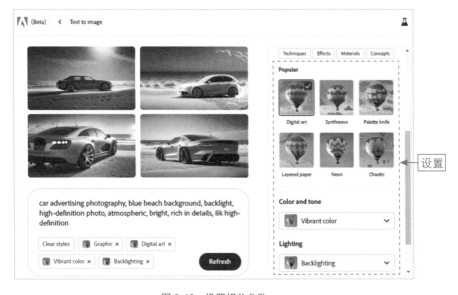

图 8-48　设置相关参数

步骤 04 在第 4 张图片中单击左上角的 Show similar（显示相似）按钮 ≈，如图 8-49 所示。Show similar 按钮的功能是以所选图片为模板重新生成其他的图片。

图 8-49　单击 Show similar 按钮

步骤 05 执行操作后，即可以第 4 张图片为模板，重新生成另外 3 张图片，效果如图 8-50 所示。

图 8-50　重新生成另外 3 张图片

步骤 06 放大第 3 张图片进行展示，效果如图 8-51 所示。

图 8-51 最终效果

8.2.2 手机宣传画的合成处理

扫码看教学视频

在手机宣传画中，可以通过绚丽的色彩、流畅的画面和引人入胜的视觉效果，共同展现出手机的特点，吸引消费者的眼球。下面介绍手机宣传画的合成处理方法。

步骤 01 进入 Adobe Firefly（Beta）主页，在 Text to image 选项区中单击 Generate 按钮，进入 Text to image 页面，输入相应的关键词，并单击 Generate 按钮，如图 8-52 所示。

图 8-52 单击 Generate 按钮

步骤02 执行操作后，即可生成 4 张手机宣传画效果图，如图 8-53 所示。

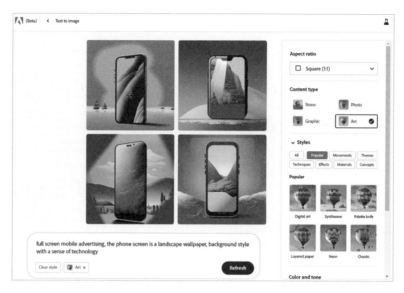

图 8-53　生成 4 张手机宣传画效果图

步骤03 设置 Aspect ratio 为 Widescreen（肖像，纵横比为 3∶4）、Content type 为 Photo、Styles 为 Themes-Product photo（主题—产品照片）、Lighting 为 Low lighting（低照度）、Composition 为 Wide angle（广角），如图 8-54 所示，单击 Generate 按钮重新生成图片，改变图片的尺寸和风格。

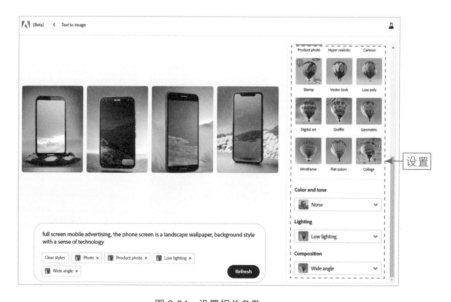

图 8-54　设置相关参数

步骤 **04** 如果用户对 4 张图片的效果都不满意，可以单击 Refresh 按钮重新生成 4 张图片，效果如图 8-55 所示。

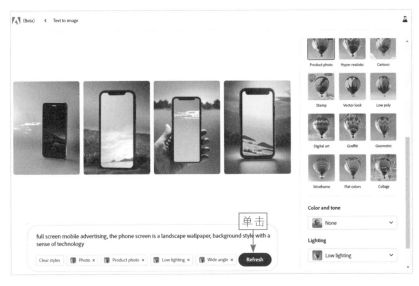

图 8-55 刷新图片

步骤 **05** 放大第 1 张和第 4 张图片进行展示，效果如图 8-56 所示。

图 8-56 最终效果

8.2.3　化妆品广告的合成处理

化妆品广告的合成处理是艺术与商业的完美结合，以独特的美感和创意，传达产品的魅力与品牌的价值，并通过精心构思的图像、配色和排版，营造出令人愉悦的视觉体验，激发消费者的购买兴趣。下面介绍化妆品广告的合成处理方法。

步骤01 进入 Adobe Firefly（Beta）主页，在 Text to image 选项区中单击 Generate 按钮，进入 Text to image 页面，输入相应的关键词，并单击 Generate 按钮，如图 8-57 所示。

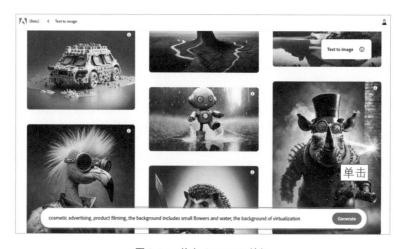

图 8-57　单击 Generate 按钮

步骤02 执行操作后，即可生成 4 张化妆品广告效果图，如图 8-58 所示。

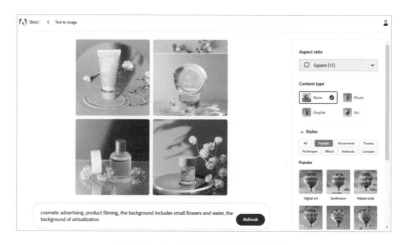

图 8-58　生成 4 张化妆品广告效果图

步骤03 设置 Aspect ratio 为 Landscape、Content type 为 Photo、Styles 为 Themes-Effects-Bokeh effect（效果—散景效果）、Color and tone 为 Cool tone（冷色调）、Lighting 为 Backlighting、Composition 为 Narrow depth of field（窄景深），如图 8-59 所示，单击 Generate 按钮重新生成图片，改变图片的尺寸和风格。

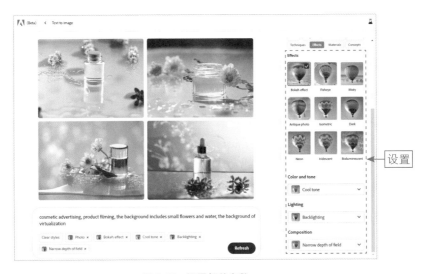

图 8-59　设置相关参数

步骤04 在第 3 张图片中，单击左上角的 Generative Fill 按钮 🔆，如图 8-60 所示。

图 8-60　单击 Generative Fill 按钮

步骤 05 执行操作后，进入 Generative fill 编辑页面，使用 Add 画笔工具 ✎ 在背景上涂抹，涂抹的区域呈透明状态显示，如图 8-61 所示。

步骤 06 在底部的关键词输入框中输入 toner（爽肤水），并单击 Generate 按钮，如图 8-62 所示。

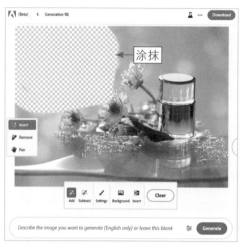

图 8-61　涂抹图像

图 8-62　单击 Generate 按钮

步骤 07 执行操作后，即可在涂抹的透明区域中生成爽肤水图像，效果如图 8-63 所示。

步骤 08 在下方的工具栏中可以选择不同的图像效果，如选择第 2 个图像效果，效果如图 8-64 所示。

图 8-63　生成相应图像效果

图 8-64　选择第 2 个图像

步骤 09 单击 Keep 按钮，即可应用生成的图像效果，如图 8-65 所示。

图 8-65　最终效果

8.2.4　房产宣传广告的合成处理

扫码看教学视频

房产宣传广告往往会呈现出令人心驰神往的完美景象，通过精心的设计和合成处理技术将现实与想象巧妙地融合在一起，勾勒出人们梦寐以求的理想家园场景，激发大众对房产的渴望和向往。下面介绍房产宣传广告的合成处理方法。

步骤 01 在 Adobe Firefly（Beta）主页的 Generative fill 选项区中，单击 Generate 按钮，如图 8-66 所示。

步骤 02 进入 Generative fill 页面，单击 Upload image 按钮，如图 8-67 所示。

图 8-66　单击 Generate 按钮

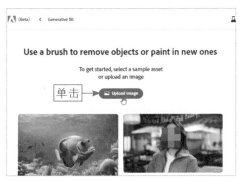

图 8-67　单击 Upload image 按钮

步骤03 执行操作后，弹出"打开"对话框，选择一张素材图片，如图8-68所示。

步骤04 单击"打开"按钮，即可上传素材图片并进入Generative fill编辑页面，如图8-69所示。

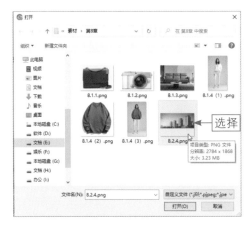

图8-68 选择一张素材图片   图8-69 上传素材图片

步骤05 使用Add画笔工具 在图像下方的空白区域进行涂抹，涂抹的区域呈透明状态显示，如图8-70所示。

步骤06 在下方的关键词输入框中输入reflection in the lake, golden water surface, park scene, backlight（湖水中的倒影，金黄色的水面，公园场景，逆光），单击Generate按钮，如图8-71所示。

图8-70 涂抹图像   图8-71 单击Generate按钮

步骤07 执行操作后，即可生成相应的水面倒影图像，单击Keep按钮应用生成的图像效果，效果如图 8-72 所示。

步骤08 使用 Add 画笔工具 ✎ 在天空区域进行涂抹，在下方的关键词输入框中输入 the backs of a group of flying birds（一群飞鸟的背影），如图 8-73 所示。

图 8-72　生成水面倒影图像

图 8-73　输入相应关键词

步骤09 单击 Generate 按钮，即可生成相应的飞鸟图像，单击 Keep 按钮，应用生成的图像效果，如图 8-74 所示。

图 8-74　最终效果

本章小结

本章主要向读者介绍了电商图片和商业广告效果的相关案例，具体内容包括用 Photoshop AI 版合成商品图片和用 Adobe Firefly 合成商业广告效果。希望读者通过对本章的学习，能够更好地掌握用 AI 工具合成电商图片和商业广告效果的操作方法。

课后习题

鉴于本章知识的重要性，为了帮助读者更好地掌握所学知识，本节将通过课后习题，帮助读者进行简单的知识回顾和补充。

1. 使用 Photoshop AI 版合成一张女鞋商品主图，素材与效果图对比如图 8-75 所示。

图 8-75　素材与效果图对比

2. 使用 Adobe Firefly 合成一张旅游广告背景图，效果如图 8-76 所示。

图 8-76　旅游广告背景图效果

第 9 章

视频：使用常见的 AI 视频制作工具

通过深度学习和计算机视觉算法，AI 可以实现自动编辑视频、场景识别和图像增强等功能，它能够快速处理大量素材，并根据预设的规则和样式生成令人惊艳的视频效果。本章主要介绍一些常见 AI 视频制作工具的使用方法，帮助大家提高视频制作的效率。

工具1：使用KreadoAI制作电商视频

KreadoAI 是一个专注于多语言 AI 视频创作的工具，用户只需简单输入文本或关键词，就能创作出令人惊叹的视频效果。不论是真实人物还是虚拟角色，KreadoAI 都能够通过 AI 技术将其形象栩栩如生地呈现在视频中。本节以一个零食口播带货视频为例，介绍使用 KreadoAI 制作电商视频的相关技巧。

9.1.1　生成 AI 文案和配音

扫码看教学视频

KreadoAI 的"AI 文本配音"功能主要利用人工智能的语音合成能力，将文字转化为自然流畅的语音。这项功能能够以多种声音风格和语言进行配音，使文本内容变得生动、有趣，同时节省了人工录制的时间和成本。

不论是电商广告、教育培训还是电子书籍，"AI 文本配音"功能都能为内容创作者和企业提供极大的便利，让他们能够快速生成高质量的声音文件。这种人工智能技术的应用，不仅提升了内容的可访问性，同时也为各行业的创作和传播带来了全新的可能性。下面介绍生成 AI 文案和配音的操作方法。

步骤01 进入 KreadoAI 首页，单击"免费创建"按钮，如图 9-1 所示。

图 9-1　单击"免费创建"按钮

步骤02 执行操作后，进入"口播视频创作"页面，选择相应的语言种类，在"文本内容"选项右侧单击"AI推荐文案"超链接，如图9-2所示。

图9-2 单击"AI推荐文案"超链接

步骤03 执行操作后，弹出"AI推荐文案"对话框，输入关键词"麻辣零食大礼包"，单击"生成"按钮，如图9-3所示。

步骤04 执行操作后，即可生成3段相应的文案内容，选择合适的文案，单击"使用文案"按钮，如图9-4所示。

图9-3 单击"生成"按钮

图9-4 单击"使用文案"按钮

步骤05 执行操作后，即可将所选文案自动填入到"文本内容"下方的文本框中，适当进行修改，选择相应的人物音色和语气风格，并单击"增加间隔"按钮，在文案的相应位置添加多个间隔，如图9-5所示。

图9-5 增加间隔

步骤06 在右侧窗口的下方设置"调整语速"为3、"调整语调"为5，适当改变 AI 说话的节奏和声音的音高变化，单击"试听"按钮，如图9-6所示，即可试听 AI 文案的配音效果。

图9-6 单击"试听"按钮

9.1.2 生成虚拟数字人主播

虚拟数字人是指通过计算机生成的虚拟人物，让其充当主播角色，以进行直播或录播节目。这些数字人主播具备逼真的外貌、表情和声音，并能够与观众进行互动交流，非常适合作为带货主播。下面介绍生成虚拟数字人主播的操作方法。

步骤01 单击✐按钮将视频标题修改为"零食口播带货视频"，在"虚拟口播人物"选项区中单击⌄按钮，在弹出的面板中单击"可爱"标签，如图9-7所示。

步骤02 执行操作后，筛选出相应类型的虚拟口播人物，在其中选择合适的虚拟口播人物，单击"预览"按钮，如图9-8所示。

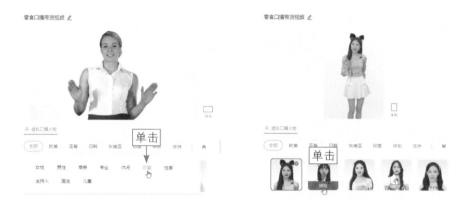

图9-7 单击"可爱"标签　　　　　图9-8 单击"预览"按钮

步骤03 执行操作后，即可预览虚拟口播人物的视频效果，如图9-9所示。

图9-9 预览虚拟口播人物的视频效果

步骤04 确认虚拟口播人物后，单击"生成视频"按钮，如图9-10所示。

图9-10 单击"生成视频"按钮（1）

步骤05 执行操作后，弹出"生成视频"对话框，单击"生成视频"按钮，如图9-11所示。

步骤06 执行操作后，进入"我的项目"页面中的"数字人视频"选项卡，显示视频的生成进度，如图9-12所示，等待视频生成完成即可。

图9-11 单击"生成视频"按钮（2）

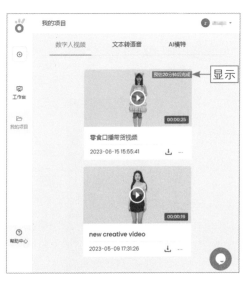

图9-12 显示视频的生成进度

9.1.3　利用剪映更换视频背景

扫码看教学视频

利用 KreadoAI 生成的数字人视频都是带有绿幕背景的，用户可以非常方便地使用其他视频编辑软件进行合成处理，更换视频背景，做出想要的电商视频效果。下面介绍利用剪映更换数字人视频背景的操作方法。

步骤01 在剪映电脑版中导入数字人视频和背景视频素材，将背景视频素材拖曳至主视频轨道中，并将数字人视频拖曳至画中画轨道中，将两个视频的时长调为一致，如图 9-13 所示。

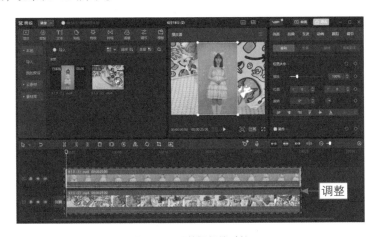

图 9-13　调整视频的时长

步骤02 选择画中画轨道中的视频素材，在"画面"操作区中切换至"抠像"选项卡，选中"色度抠图"复选框，使用取色器工具█吸取绿幕背景中的绿色，并设置"强度"为 10、"阴影"为 65，去除绿幕背景，如图 9-14 所示。

图 9-14　去除绿幕背景

步骤 03 选中"智能抠像"复选框，进行智能抠像处理，优化视频抠像效果，在"播放器"窗口中，适当调整虚拟数字人主播的大小和位置，效果如图 9-15 所示。

图 9-15　调整虚拟数字人主播的大小和位置

步骤 04 在"播放器"窗口中，单击播放按钮▶，预览视频效果，如图 9-16 所示。

图 9-16　预览视频效果

9.2　工具2：使用FlexClip制作电商视频

FlexClip 是一个在线 AI 视频制作工具，它使用人工智能技术和模板库，帮助用户轻松制作高质量的视频内容。使用 FlexClip，用户可以通过上传自己的视频、照片和音乐等素材，来制作完整的电商视频效果。FlexClip 还提供了各种模板和场景，用户可以使用其内置素材库中的素材，快速创建专业的电商视频。

9.2.1　制作房地产广告视频

扫码看教学视频

房地产广告视频是在线上宣传房地产的最佳方式，通过精心策划的视频内容，将房屋的特色、舒适的空间和美丽的环境等信息完美地呈现出来，并通过流畅的镜头切换和吸引人的音效，为消费者展示一个理想中的家园场景。

房地产广告视频不仅能够吸引潜在消费者的注意力，而且还能够营造出一种情感共鸣，使消费者更容易产生购买欲望。房地产广告视频是一种强大的内容营销工具，能够为房产销售带来无限的潜力和机会。下面介绍通过 FlexClip 制作房地产广告视频的操作方法。

步骤01 登录 FlexClip 平台并进入 Home（主页）页面，单击左上角的 Create a Video（创建视频）按钮，如图 9-17 所示。

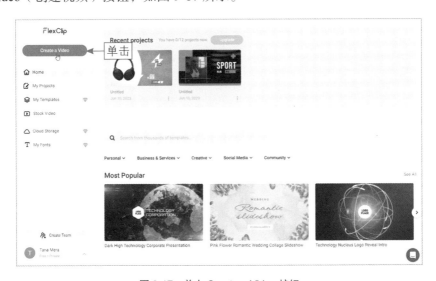

图 9-17　单击 Create a Video 按钮

步骤02 执行操作后，进入 Please Choose Edit Mode & Ratio（请选择编辑模

式和比例）页面，选择 16∶9 选项，并选中 Timeline Mode（时间线模式）复选框，单击 Get Started（开始）按钮，如图 9-18 所示。

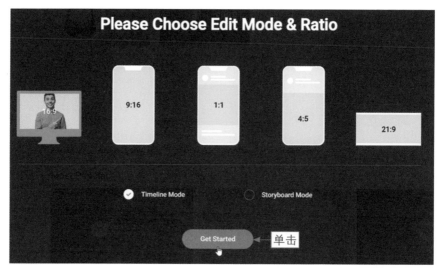

图 9-18　单击 Get Started 按钮

步骤03 执行操作后，在 Templates（模板）窗口的 Templates 选项卡中，单击 Real Estate（房地产）右侧的 See all（全部）超链接，如图 9-19 所示。

图 9-19　单击 See all 超链接

步骤04 执行操作后，即可展开 Real Estate 选项区，在其中选择相应的模板，如图 9-20 所示。

步骤 05 执行操作后，显示视频模板详情，单击 Apply all 5 pages（应用所有 5 页）按钮，如图 9-21 所示。

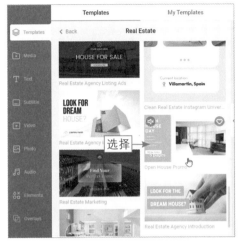

图 9-20　选择相应的模板

图 9-21　单击 Apply all 5 pages 按钮

步骤 06 执行操作后，弹出 Choose the Way to Apply the Template（选择应用模板的方式）对话框，单击 Replace（代替）按钮，如图 9-22 所示，替换所有场景。

步骤 07 执行操作后，即可应用模板素材，如图 9-23 所示。

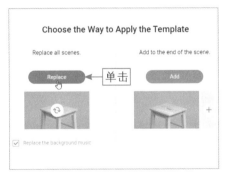

图 9-22　单击 Replace 按钮

图 9-23　应用模板素材

★ 专 家 提 醒 ★

用户可以将自己的视频或图片素材上传到媒体库中，然后直接将媒体库的素材拖曳到视频预览窗口中的素材上，即可快速替换素材。

步骤 08 在视频预览窗口中双击相应的文字素材，在左侧的文本框中可以修改文字内容，如图 9-24 所示，使用相同的操作方法修改所有视频片段中的文字内容。

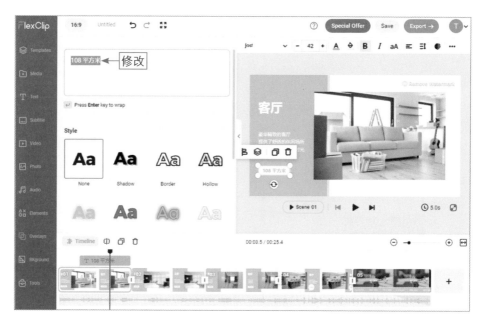

图 9-24　修改文字内容

步骤 09 执行操作后，单击右上角的 Export（导出）按钮，如图 9-25 所示。

步骤 10 执行操作后，弹出 Select Export Format（选择导出格式）列表框，单击 Export With Watermark（带水印导出）按钮，如图 9-26 所示。注意，只有订阅会员才能导出无水印的 1080p 高清视频。

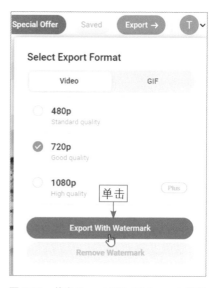

图 9-25　单击 Export 按钮　　　　　　图 9-26　单击 Export With Watermark 按钮

步骤11 执行操作后，即可导出制作好的房地产广告视频，预览视频效果，如图 9-27 所示。

图 9-27 预览视频效果

9.2.2 制作化妆品主图视频

扫码看教学视频

主图视频在电商平台中起着非常重要的作用，它能够通过动态展示商品的特点、功能和效果，吸引潜在消费者的注意力，提高商品的曝光度和点击率。相比于静态图片，主图视频能够更生动地展示商品的细节和优势，让消费者更直观地了解商品的外观、使用方式和效果。

通过精心制作的主图视频，可以增强商品的吸引力，提升消费者的购买意愿，加强品牌形象和信任度。主图视频为消费者提供了更全面的购物体验，促进了交易行为的产生。下面介绍通过 FlexClip 制作化妆品主图视频的操作方法。

步骤01 登录 FlexClip 平台并进入 Home 页面，单击 Business & Services（商

167

业服务）下拉按钮，在弹出的列表框中选择 Fashion & Beauty（时尚与美容）选项，如图 9-28 所示。

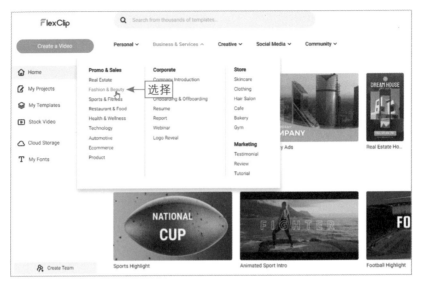

图 9-28　选择 Fashion & Beauty 选项

步骤02 执行操作后，显示所有的 Fashion & Beauty 模板，选择相应的模板，单击 Customize（定制）按钮，如图 9-29 所示。

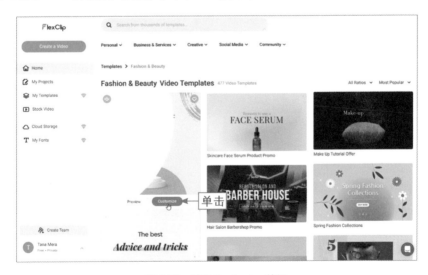

图 9-29　单击 Customize 按钮

步骤03 执行操作后，即可生成相应的视频，单击相应视频片段中间的 Transitions（过渡）按钮 ⋈，如图 9-30 所示。

图 9-30　单击 Transiions 按钮

步骤04 执行操作后，在左侧窗口中选择 Circle Rotation（圆形旋转）选项，如图 9-31 所示，改变视频片段间的转场效果。

步骤05 单击 Apply to All Scenes（适用于所有场景）超链接，如图 9-32 所示，将所选的转场效果应用到所有视频片段之间的过渡上。

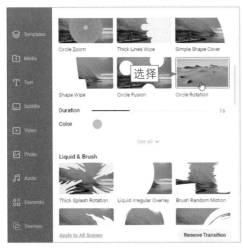

图 9-31　选择 Circle Rotation 选项

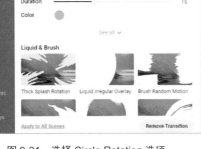

图 9-32　单击 Apply to All Scenes 超链接

步骤06 双击视频预览窗口中的文字素材，并适当修改文字内容，如图 9-33 所示。然后使用同样的操作方法修改其他的文字内容。

图 9-33　修改文字内容

步骤 07 在左侧切换至 Media（媒体）窗口，单击 Text to Speech（文本转语音）按钮 ⊚，如图 9-34 所示。

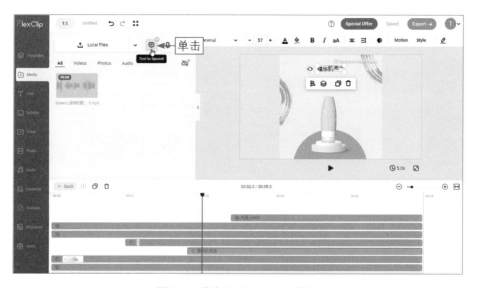

图 9-34　单击 Text to Speech 按钮

步骤 08 在 Text to Speech 选项区的 Text（文本）文本框中，输入相应的文字，并选择相应的 Language（语言）、Voice（噪音）、Voice Style（声音风格），单击 Save To Media（保存到媒体）按钮，如图 9-35 所示。

步骤 09 执行操作后，即可生成 AI 文字配音，将鼠标指针移至配音文件上即可试听，如图 9-36 所示。

图 9-35　单击 Save To Media 按钮　　　　　图 9-36　将鼠标指针移至配音文件上

步骤 10 将配音文件拖曳至时间轴窗口中的相应位置，为视频添加语音旁白。然后使用同样的操作方法添加多段语音素材，如图 9-37 所示。

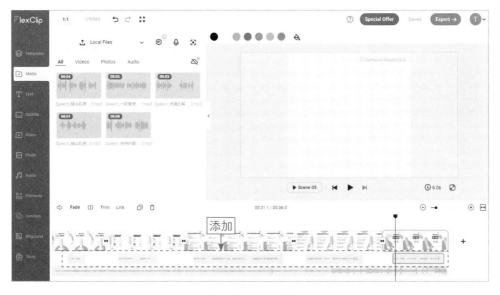

图 9-37　添加多段语音素材

步骤 11 单击右上角的 Export 按钮导出视频文件，并预览化妆品主图视频效果，如图 9-38 所示。

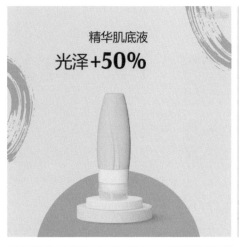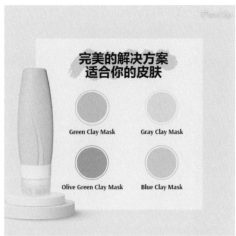

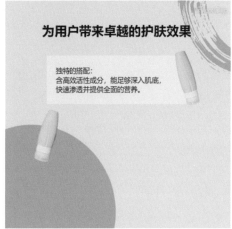

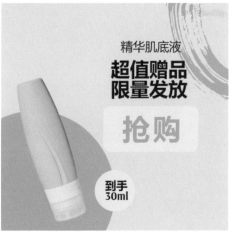

图 9-38　预览化妆品主图视频效果

9.3 工具3：使用剪映制作电商视频

剪映是一款功能强大、操作简便的视频编辑工具，能够轻松编辑和制作令人惊艳的电商视频。无论是商品展示、品牌宣传片还是社交媒体广告，剪映都提供了丰富的模板、特效、转场和音频素材，让用户的电商视频更具吸引力和专业效果。

同时，剪映还有强大的 AI 视频制作功能，用户可以快速剪辑、调整画面，添加文字和音乐，打造精彩纷呈的电商视频，为品牌或商品增添魅力，吸引更多目光，提升销售额。

9.3.1 制作餐厅新品宣传视频

扫码看教学视频

使用剪映的"模板"功能，可以快速生成各种类型的视频效果，而且用户可以自行替换模板中的视频或图片素材，轻松地编辑和分享自己的电商视频作品。下面介绍使用剪映制作餐厅新品宣传视频的操作方法。

步骤01 启动剪映电脑版，在"首页"界面左侧的导航栏中，单击"模板"按钮，如图 9-39 所示。

图 9-39　单击"模板"按钮

★ 专 家 提 醒 ★

对企业、品牌或商家来说，使用模板可以确保视频在视觉风格和品牌形象上的统一性，增强品牌的识别度和专业形象。

步骤02 执行操作后，进入"模板"界面，在顶部的搜索框中输入"餐厅新品宣传"，如图 9-40 所示。

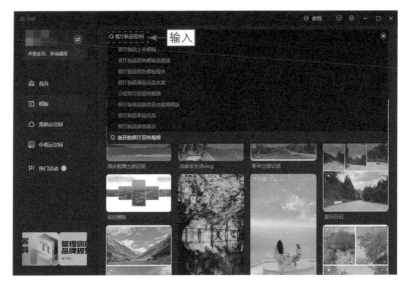

图 9-40　输入相应的搜索词

步骤03 按【Enter】键确认，即可搜索到相关的视频模板，选择相应的模板，单击"使用模板"按钮，如图 9-41 所示。

图 9-41　单击"使用模板"按钮

步骤04 执行操作后，即可下载该模板，并进入模板编辑界面，在"文本"

操作区中修改相应的文本内容，在时间线窗口中单击第 1 个视频片段中的导入按钮➕，如图 9-42 所示。

图 9-42　单击导入按钮

步骤 05 执行操作后，弹出"请选择媒体资源"对话框，选择相应的图片素材，如图 9-43 所示。

步骤 06 单击"打开"按钮，即可将该图片素材添加到视频片段中，同时导入到本地媒体资源库中，如图 9-44 所示。

图 9-43　选择相应的图片素材

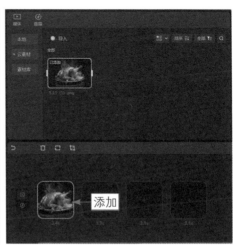

图 9-44　添加相应的素材文件

步骤 07 使用同样的操作方法，添加其他的图片素材，单击"完成"按钮，如图 9-45 所示，即可完成视频的制作。

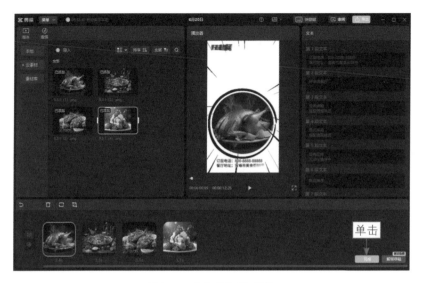

图 9-45　单击"完成"按钮

步骤 08 在"播放器"窗口中，单击播放按钮▶，预览视频效果，如图 9-46 所示。

图 9-46　预览视频效果

9.3.2　制作古风汉服种草视频

除了智能的"模板"功能，剪映还有强大的"图文成片"功能，

扫码看教学视频

用户只需输入相应的电商文案内容，剪映即可利用 AI 技术给文案配图和配音，用户只需替换其中的内容即可快速生成自己的电商视频作品，大大减少了视频编辑的时间和工作量。下面介绍使用剪映制作古风汉服种草视频的操作方法。

步骤01 在剪映的"首页"界面中，单击"图文成片"按钮，如图 9-47 所示。

图 9-47 单击"图文成片"按钮

步骤02 弹出"图文成片"对话框，输入视频标题和正文内容，如图 9-48 所示。

步骤03 在"朗读音色"列表框中，选择"心灵鸡汤"选项，如图 9-49 所示。

图 9-48 输入视频标题和正文内容

图 9-49 选择"心灵鸡汤"选项

步骤 04 单击"生成视频"按钮，稍待片刻，即可生成相应的视频内容，同时剪映会自动给文字配音和配图，如图 9-50 所示。

图 9-50　生成相应的视频内容

步骤 05 在视频轨道中，选择第 1 个视频素材，单击鼠标右键，在弹出的快捷菜单中选择"替换片段"命令，如图 9-51 所示。

步骤 06 执行操作后，弹出"请选择媒体资源"对话框，选择相应的视频素材，如图 9-52 所示。

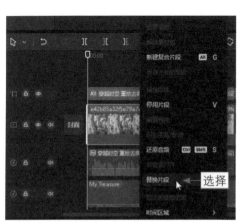

图 9-51　选择"替换片段"选项

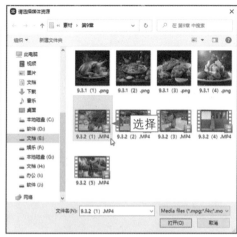

图 9-52　选择相应的视频素材

步骤07 单击"打开"按钮，弹出"替换"对话框，单击"替换片段"按钮，如图 9-53 所示。

步骤08 执行操作后，即可替换视频轨道中的第 1 个视频素材，如图 9-54 所示。

图 9-53　单击"替换片段"按钮

图 9-54　替换视频素材

步骤09 使用同样的操作方法，替换其他的视频素材，如图 9-55 所示。

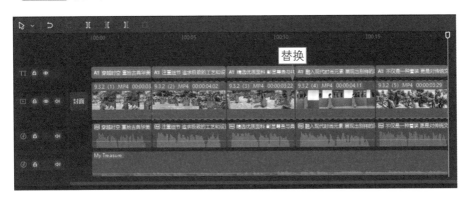

图 9-55　替换其他的视频素材

★ 专家提醒 ★

种草视频是一种在社交媒体平台上流行的视频形式，旨在推荐各种商品给观众。种草视频通常由影响力较大的博主、网红或专业评论人制作，他们通过视频分享自己使用商品的体验或对商品的评价，包括服装、化妆品、电子设备、家居用品等商品。

步骤10 在"播放器"窗口中单击播放按钮▶，预览视频效果，如图 9-56 所示。

图 9-56　预览视频效果

本章小结

　　本章主要向读者介绍了 3 种 AI 视频制作工具的使用方法，具体包括 KreadoAI、FlexClip 和剪映，以及使用这些 AI 工具制作电商视频的相关案例。希望读者通过对本章的学习，能够更好地掌握用 AI 工具制作电商类视频的操作方法。

课后习题

　　鉴于本章知识的重要性，为了使读者更好地掌握所学知识，本节将通过课后习题，帮助读者进行简单的知识回顾和补充。

　　1.使用 FlexClip 制作一个数码产品推广视频，效果如图 9-57 所示。

图 9-57　数码产品推广视频效果

　　2.使用剪映制作一个潮流女装卡点视频，效果如图 9-58 所示。

图 9-58　潮流女装卡点视频效果

第 10 章

案例：电商美工设计与视频制作全流程

　　在电商时代，精美的图片、视频等视觉内容成了吸引消费者的关键，电商美工设计为产品赋予了无限可能。如今，我们可以通过各种 AI 工具来制作出吸引眼球的图片和视频等广告内容，为产品呈现出最佳宣传效果。本章将通过两个案例讲解电商美工设计与视频制作的全流程操作。

10.1 AI绘画案例：茶杯详情页图

通过精心拍摄和设计的详情页图，消费者可以更直观地了解商品的外观、材质和功能，从而做出购买决策。本节主要介绍利用 Midjourney+Photoshop AI 版制作茶杯详情页图的操作方法。

10.1.1 商品主体抠图

拍好商品图片后，使用 Photoshop AI 版抠出商品主体，便于用 Midjourney 进行"垫图"处理。下面介绍抠取商品主体的操作方法。

扫码看教学视频

步骤 01 选择"文件"|"打开"命令，打开一张素材图片，如图 10-1 所示。

步骤 02 在下方的浮动工具栏中单击"选择主体"按钮，如图 10-2 所示。

图 10-1 打开素材图片

图 10-2 单击"选择主体"按钮

步骤 03 执行操作后，即可在主体上创建一个选区，如图 10-3 所示。

步骤 04 选择"图层"|"新建"|"通过拷贝的图层"命令，如图 10-4 所示。

图 10-3 在主体上创建一个选区

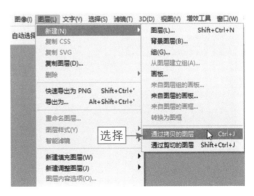

图 10-4 选择"通过拷贝的图层"命令

步骤05 执行操作后，即可复制选区内的图像，并得到一个"图层1"图层，如图 10-5 所示。

步骤06 删除"背景"图层，即可将商品主体抠出来，效果如图 10-6 所示。

图 10-5　得到"图层1"图层

图 10-6　商品主体抠图效果

10.1.2　生成图片链接

下面将抠好的商品主体图片上传到 Midjourney 中进行"垫图"，同时输入背景描述关键词，生成相应的图片，具体操作方法如下。

扫码看教学视频

步骤01 在 Midjourney 中，单击输入框左侧的 ➕ 按钮，在弹出的列表框中选择"上传文件"选项，如图 10-7 所示。

步骤02 执行操作后，弹出"打开"对话框，选择抠好的商品主体图片，如图 10-8 所示。

图 10-7　选择"上传文件"选项

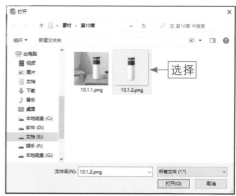

图 10-8　选择抠好的商品主体图片

步骤 03 单击"打开"按钮，并按【Enter】键确认，即可将图片上传到 Midjourney 的服务器中，如图 10-9 所示。

步骤 04 单击图片打开预览图，在预览图上单击鼠标右键，在弹出的快捷菜单中选择"复制图片地址"命令，如图 10-10 所示，复制图片链接。

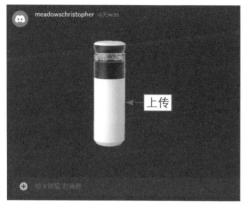

图 10-9　将图片上传到服务器中

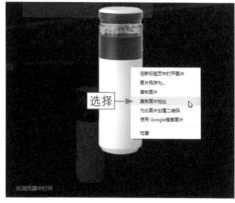

图 10-10　选择"复制图片地址"命令

步骤 05 通过 imagine 指令输入复制的图片链接，并输入背景描述关键词，如图 10-11 所示。

步骤 06 按【Enter】键确认，即可生成相应的图片，效果如图 10-12 所示，让商品图片的背景变成优美的户外场景。

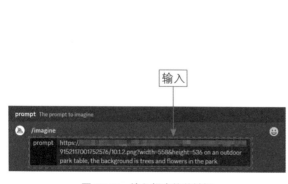

图 10-11　输入相应的关键词

图 10-12　生成相应的图片效果

10.1.3　添加细节元素关键词

下面在 Midjourney 中给画面添加一些细节元素关键词，让画面内

扫码看教学视频

185

容更加丰富，具体操作方法如下。

步骤01 在上一例关键词的基础上，通过 imagine 指令增加一些书本描述的关键词，如图 10-13 所示。

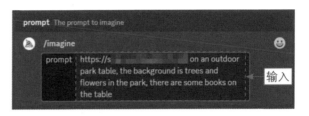

图 10-13 输入相应的关键词

步骤02 按【Enter】键确认，即可生成相应的图片，效果如图 10-14 所示，图片中多了一些书本，让画面更有意境。

图 10-14 生成相应的图片

10.1.4 添加构图关键词

下面在 Midjourney 中给画面添加一些构图关键词，让商品主体更加突出，具体操作方法如下。

扫码看教学视频

步骤01 在上一例关键词的基础上，通过 imagine 指令增加一些画面构图描述的关键词，如图 10-15 所示。

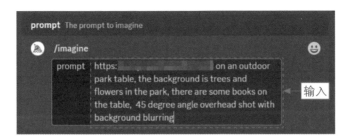

图 10-15　输入相应关键词

步骤02 按【Enter】键确认，即可生成相应的图片，效果如图 10-16 所示，画面主体更突出，并且更具视觉吸引力。

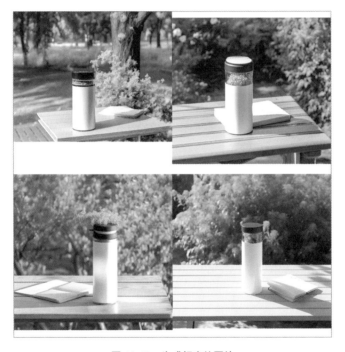

图 10-16　生成相应的图片

10.1.5　添加光线关键词

下面在 Midjourney 中给画面添加一些光线关键词，使画面更有质感，同时图像效果更加明亮、生动，具体操作方法如下。

扫码看教学视频

步骤01 在上一例关键词的基础上，当通过 imagine 指令输入关键词时，增加一些描述光线效果的关键词，如图 10-17 所示。

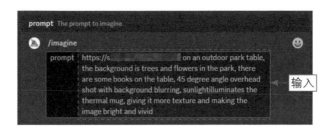

图 10-17　输入相应的关键词

步骤02 按【Enter】键确认，即可生成相应的图片，效果如图 10-18 所示，能够使画面更真实和自然。

图 10-18　生成相应的图片效果

10.1.6　设置出图参数

扫码看教学视频

下面在 Midjourney 中给画面添加一些出图参数，控制画面的风格和提升参考图的权重，具体操作方法如下。

步骤01 在上一例关键词的基础上，当通过 imagine 指令输入关键词时，增加 --stylize 200 和 --iw 2 指令参数，让生成的图片与关键词密切相关，如图 10-19 所示。

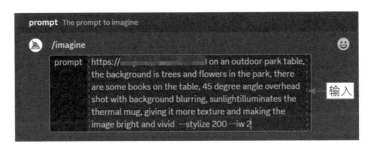

图 10-19　输入相应的关键词

步骤02 按【Enter】键确认，即可生成相应的图片，效果如图 10-20 所示，能够提升商品的相似度。

步骤03 单击 U2 按钮，放大第 2 张图片并保存，效果如图 10-21 所示。

图 10-20　生成相应的图片

图 10-21　放大第 2 张图片

10.1.7　扩展背景并添加文案

下面主要使用 Photoshop AI 版扩展图像背景，并添加相应的商品介绍文字，具体操作方法如下。

扫码看教学视频

步骤01 选择"文件"|"打开"命令，打开一张素材图片，如图 10-22 所示。

步骤02 在菜单栏中选择"图像"|"画布大小"命令，弹出"画布大小"对话框，选择相应的定位方向，设置"高度"为 1500 像素，如图 10-23 所示。

图 10-22　打开素材图片

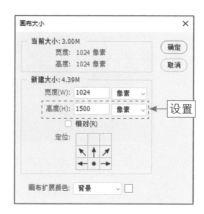

图 10-23　设置"高度"选项

步骤 03 单击"确定"按钮，即可从上方扩展图像画布，效果如图 10-24 所示。

步骤 04 选取工具箱中的矩形选框工具□，在上下两端的空白画布上创建两个矩形选区，如图 10-25 所示。

图 10-24　扩展图像画布

图 10-25　创建两个矩形选区

步骤 05 在下方的浮动工具栏中依次单击"创成式填充"按钮和"生成"按钮，如图 10-26 所示。

步骤 06 稍等片刻，即可在空白的画布中生成相应的图像，效果如图 10-27 所示。

图 10-26　单击"生成"按钮　　　　　　图 10-27　生成相应的图像

步骤 07 选取工具箱中的横排文字工具**T**，输入文字"茶水分离"，在下方的浮动工具栏中设置"字体"为"隶书"、"字体大小"为 82 点、"颜色"为白色（RGB 参数值均为 255），如图 10-28 所示。

步骤 08 在"图层"面板中双击文字图层，弹出"图层样式"对话框，选中"描边"复选框，设置"大小"为 3 像素、"位置"为"外部"、"颜色"为茶色（RGB 参数值分别为 191、151、119），如图 10-29 所示，设置"描边"图层样式的描边大小、位置和颜色。

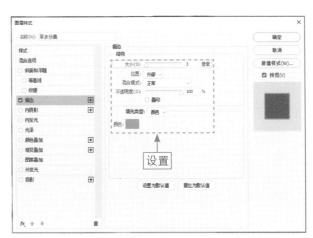

图 10-28　设置文字属性　　　　　　图 10-29　设置"描边"图层样式

步骤 09 单击"确定"按钮，即可给文字添加"描边"图层样式，效果如图
10-30 所示。

步骤 10 打开详情页文字素材，运用移动工具 ⊕ 将其拖曳至图像编辑窗口中
的合适位置，效果如图 10-31 所示。

图 10-30　添加图层样式

图 10-31　最终效果

10.2　电商视频案例：破壁机主图视频

在网上买过东西的人都知道，我们只能通过眼睛看到的"视觉效果"去选择买
哪款商品。因此，主图视频的吸引力大小，很大程度上决定了用户是否会继续浏览
商品，而且主图视频还会影响商品的排名。可见，想提升商品的点击量，主图视频
的制作是至关重要的。本节主要以 FlexClip 为例，介绍主图视频的制作方法。

★ 专家提醒 ★

主图视频，顾名思义，就是在主图前面的视频，位于主图的第一个位置。人类
大脑接受信息的偏好为：视频＞图片＞文字，视频更能全方位地传递商品的信息。

10.2.1　一键生成主图视频

下面主要利用 FlexClip 的视频模板功能，一键生成破壁机主图视
频，具体操作方法如下。

扫码看教学视频

步骤 01 登录 FlexClip 平台并进入 Home 页面，单击 Business & Services 下拉按钮，在弹出的列表框中选择 Ecommerce（电子商务）选项，如图 10-32 所示。

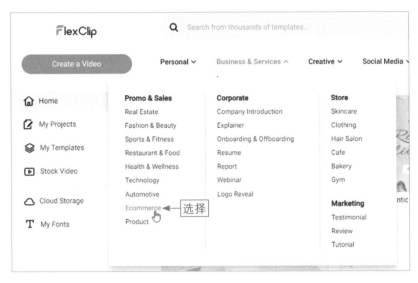

图 10-32　选择 Ecommerce 选项

步骤 02 执行操作后，显示所有的 Ecommerce 模板，选择相应的模板类型，单击 Customize 按钮，如图 10-33 所示。

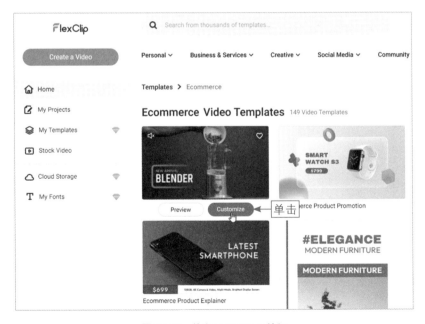

图 10-33　单击 Customize 按钮

步骤 03 执行操作后，即可生成相应的视频，如图 10-34 所示。

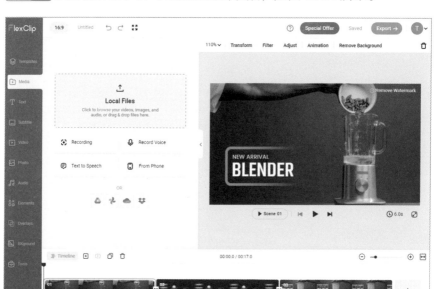

图 10-34　生成相应的视频

10.2.2　设置视频的横纵比

扫码看教学视频

主图视频的横纵比与主图类似，通常为 1∶1。当然，特殊情况下也可以使用 16∶9 或 3∶4 的横纵比。下面介绍设置视频横纵比的操作方法。

步骤 01 在 FlexClip 的视频编辑页面中，单击左上角的 16∶9（此处为视频模板的默认横纵比）按钮，如图 10-35 所示。

步骤 02 执行操作后，在弹出的列表框中选择 1∶1 选项，如图 10-36 所示。

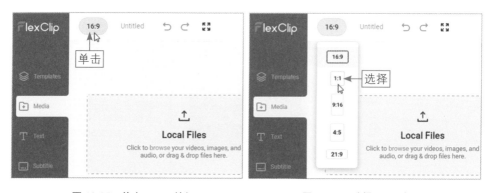

图 10-35　单击 16∶9 按钮　　　　　　图 10-36　选择 1∶1 选项

步骤 03 执行操作后，即可改变预览窗口中主图视频的横纵比，效果如图 10-37 所示。

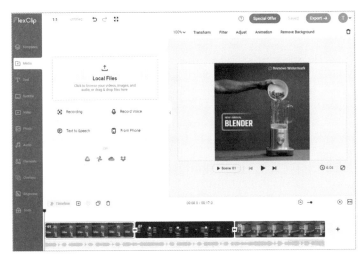

图 10-37 改变主图视频的横纵比效果

10.2.3 更换商品图片素材

本节主要是将视频模板中的商品图片替换为真实的商品图片，具体操作方法如下。

扫码看教学视频

步骤 01 在 Media 窗口中，单击 Local Files（本地文件）按钮，如图 10-38 所示。

步骤 02 执行操作后，弹出"打开"对话框，选择相应的商品图片素材，如图 10-39 所示。

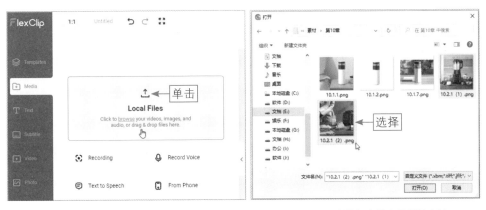

图 10-38 单击 Local Files 按钮 　　图 10-39 选择相应的商品图片素材

步骤 03 单击"打开"按钮，即可将图片上传到 Media 窗口中，如图 10-40 所示。

步骤 04 在相应图片上按住鼠标左键，将其拖曳至预览窗口中要替换的图片上，如图 10-41 所示。

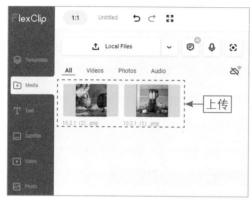

图 10-40　上传图片

图 10-41　拖曳图片

步骤 05 释放鼠标左键，即可替换预览窗口中相应的图片，如图 10-42 所示。

步骤 06 使用同样的操作方法，替换预览窗口中的其他图片，如图 10-43 所示。

图 10-42　替换相应的图片

图 10-43　替换其他图片

10.2.4　更换视频文案内容

本节主要是将模板视频中的文案替换为自己的商品宣传文案，让文案内容更加符合主图视频的推广要求，具体操作方法如下。

扫码看教学视频

步骤 01 在预览窗口中，双击相应的文字，如图 10-44 所示。

步骤 02 执行操作后，在左侧的文字窗口中，删除模板中的文字内容，重新输入合适的文字内容，如图 10-45 所示。

步骤 03 在预览窗口的上方，设置文字大小为 56，改变视频中的文字大小，如图 10-46 所示。

图 10-44　双击相应的文字

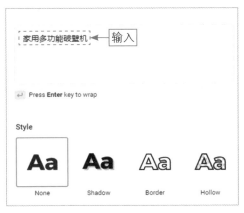

图 10-45　输入合适的文字内容

步骤 04 使用同样的操作方法，修改各个视频片段中的其他文字内容，效果如图 10-47 所示。

图 10-46　改变视频中的文字大小

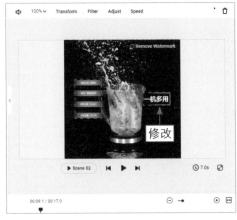

图 10-47　修改其他文字内容

10.2.5　AI 生成语音旁白

下面通过 FlexClip 的 AI 配音功能，将文字内容转换为语音，给

扫码看教学视频

主图视频添加语音旁白，详细介绍商品的特点、功能、优势和用途，帮助消费者更好地了解商品，并促使他们对商品产生兴趣，具体操作方法如下。

步骤01 在时间线窗口中，将时间线拖曳至00:02.0位置处，如图10-48所示。

步骤02 在Media窗口中，单击上方的Text to Speech按钮，如图10-49所示。

图10-48　拖曳时间轴

步骤03 展开Text to Speech选项区，选择相应的Language、Voice、Voice Style，在Text文本框中输入文本内容，单击Save To Media按钮，如图10-50所示。

图10-49　单击Text to Speech按钮　　　图10-50　单击Save To Media按钮

步骤04 执行操作后，即可生成相应的声音素材，如图10-51所示。

步骤05 将鼠标指针移至声音素材文件上，单击Add as Scene（添加为场景）按钮，如图10-52所示。

步骤06 执行操作后，即可将声音素材添加到时间线窗口中的相应位置，如图10-53所示。

步骤07 选择背景音乐素材，单击Delete（删除）按钮，如图10-54所示，删除背景音乐素材。

图 10-51　生成声音素材

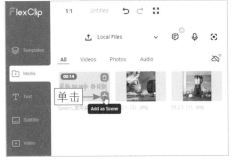

图 10-52　单击 Add as Scene 按钮

图 10-53　添加到时间线窗口中

图 10-54　单击 Delete 按钮

步骤 08 切换至 Audio（声音）窗口中，在 Happy（快乐的）选项区中选择相应的背景音乐，单击 Add to Timeline（添加到时间线）按钮⊕，如图 10-55 所示。

步骤 09 执行操作后，即可将所选的背景音乐添加到时间线窗口中，单击 Volume（音量）按钮◁)，将 Volume 设置为 20，如图 10-56 所示，降低背景音乐的音量。

★ 专 家 提 醒 ★

背景音乐可以与视频画面进行配合，通过音乐的节奏和动态变化来强调或突出视频中的关键场景或重要信息。

步骤 10 在预览窗口中，预览做好的主图视频效果，如图 10-57 所示。

图 10-55 单击 Add to Timeline 按钮

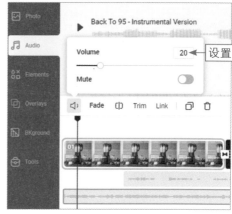

图 10-56 设置 Volume 选项

图 10-57 预览主图视频效果